教育部中等职业教育"十二五"国家规划立项教材

中等职业教育美术设计与制作专业系列教材

Photoshop

图像处理

主　编　陈良华

副主编　吴万明　卢　英

　　　　任小琼　熊传红

PHOTOSHOP
TUXIANG CHULI

重庆大学出版社

图书在版编目(CIP)数据

Photoshop图像处理/陈良华主编.—重庆：重庆
大学出版社，2016.8（2022.9重印）
中等职业教育美术设计与制作专业系列教材
ISBN 978-7-5624-9514-7

Ⅰ.①P… Ⅱ.①陈… Ⅲ.①图像处理软件—中等专
业学校—教材 Ⅳ.①TP391.41

中国版本图书馆CIP数据核字（2015）第242651号

中等职业教育美术设计与制作专业系列教材

Photoshop图像处理

主　编　陈良华
副主编　吴万明　卢　英　任小琼　熊传红
责任编辑：章　可　袁文华　　版式设计：章　可
责任校对：关德强　　　　　　责任印制：赵　晟

重庆大学出版社出版发行
出版人：饶帮华
社址：重庆市沙坪坝区大学城西路21号
邮编：401331
电话：（023）88617190　88617185（中小学）
传真：（023）88617186　88617166
网址：http://www.cqup.com.cn
邮箱：fxk@cqup.com.cn（营销中心）
全国新华书店经销
重庆五洲海斯特印务有限公司印刷

开本：787mm×1092mm　1/16　印张：8.5　字数：196千
2016年8月第1版　　2022年9月第3次印刷
ISBN 978-7-5624-9514-7　定价：39.00元

本书如有印刷、装订等质量问题，本社负责调换
版权所有，请勿擅自翻印和用本书
制作各类出版物及配套用书，违者必究

编写合作企业

重庆北方影视传媒有限公司

重庆完美动力有限公司

重庆海王星有限公司

重庆霍普科技有限公司

重庆汉博园林景观工程有限公司

重庆联谋广告有限公司

重庆深绿广告有限公司

重庆迪帕数字传媒有限公司

出版说明

2010年《国家中长期教育改革和发展规划纲要（2010—2020）》正式颁布，《纲要》对职业教育提出："把提高质量作为重点，以服务为宗旨，以就业为导向，推进教育教学改革。"为了贯彻落实《纲要》的精神，2012年3月，教育部印发了《关于开展中等职业教育专业技能课教材选题立项工作的通知》（教职成司函〔2012〕35号）。根据通知精神，重庆大学出版社高度重视，认真组织申报工作。同年6月，教育部职业教育与成人教育司发函（教职成司函〔2012〕95号）批准重庆大学出版社立项建设"中等职业教育美术设计与制作专业系列教材"，立项教材经教育部审定后列为中等职业教育"十二五"国家规划教材。选题获批立项后，作为国家一级出版社和职业教材出版基地的重庆大学出版社积极协调，统筹安排，联系职业院校艺术设计类专业教学指导委员会，听取高校相关专家对学科体系建设的意见，了解行业的需求，从而确定系列教材的编写指导思想、整体框架、编写模式，组建编写队伍，确定主编人选，讨论编写大纲，确定编写进度，特别是邀请企业人员参与本套教材的策划、写作、审稿工作。同时，对书稿的编写质量进行把控，在编辑、排版、校对、印刷上认真对待，投入大量精力，扎实有序地推进各项工作。

职业教育，已成为我国教育中的一个重要组成部分。为了深入贯彻党的十八大和十八届三中、四中全会精神，贯彻落实全国职业教育工作会议精神和《国务院关于加快发展现代职业教育的决定》，促进职业教育专业教学科学化、标准化、规范化，建立健全职业教育质量保障体系，教育部组织制定了《中等职业学校专业教学标准（试行）》，这对于探索职业教育的规律和特点，创新职业教育教学模式，规范课程、教材体系，推进课程改革和教材建设，具有重要的指导作用和深远的意义。本套教材就是在《纲要》指导下，以《中等职业教育美术设计与制作专业课程标准》为依据，遵循"拓宽基础、突出实用、注重发展"的编写原则进行编写，使教材具有如下特点：

（1）理论与实践相结合。本套书总体上按"基础篇""训练篇""实践篇""鉴赏篇"进行编写，每个篇目由几个学习任务组成，通过综述、培养目标、学习重点、学习评价、扩展练习、知识链接、友情提示等模块，明确学习目的，丰富教学的传达途径，突出了理论知识够用为度，注重学生技能培养的中职教学理念。

（2）充分体现以学生为本。针对目前中职学生学习的实际情况，注意语言表达的通俗性，版面设计的可读性，以学习任务方式组织教材内容，突出学生对知识和技能学习的主体性。

（3）与行业需求相一致。教学内容的安排、教学案例的选取与行业应用相吻合，使所学知识和技能与行业需要紧密结合。

（4）强调教学的互动性。通过"友情提示""试一试""想一想""拓展练习"等栏目，把教与学有机结合起来，增加学生的学习兴趣，培养学生的自学能力和创新意识。

（5）重视教材内容的"精、用、新"。在教材内容的选择上，做到"精选、实用、新颖"，特别注意反映新知识、新技术、新水平、新趋势，以此拓展学生的知识视野，提高学生美术设计艺术能力，培养前瞻意识。

（6）装帧设计和版式排列上新颖、活泼，色彩搭配上清新、明丽，符合中职学生的审美趣味。

本套教材实用性和操作性较强，能满足中等职业学校美术设计与制作专业人才培养目标的要求。我们相信此套立项教材的出版会对中职美术设计与制作专业的教学和改革产生积极的影响，也诚恳地希望行业专家、各校师生和广大读者多提改进意见，以便我们在今后不断修订完善。

重庆大学出版社

2016年3月

前　言

本书本着"任务驱动、案例教学"和"学生为主，教师为辅"的宗旨，充分考虑了中等职业学校教师和学生的实际需求，结合中职学生的就业方向进行有针对性的教学设计，以Photoshop CC中文版为平台，详细讲述了利用Photoshop CC进行图形图像处理和创作的流程及方法。本书适合中等职业学校美术设计与制作专业、计算机应用专业、商业设计专业、电子商务专业的学习使用，也可作为Photoshop爱好者的学习教材。

本书特色：

（1）采用任务驱动模式，通过具体任务的完成，引出相关的概念，避免了从纯理论入手的传统教学模式。

（2）在任务的编排上，分为基础篇和实战篇，基础篇着重学习Photoshop CC软件的基本操作和基本技能；实战篇主要学习Photoshop CC在商业设计上的应用，包括婚纱处理、包装设计、招贴设计、网店设计等方面。

（3）在传授图形软件操作技能的同时，用"作品分析"的方式，培养学生的美学观念和鉴赏能力。用知识窗的形式讲解商业设计方面的知识。

（4）任务实例多样，且贴近现实生活，贴近岗位工作，如证件照排版、广告招贴、店招设计、商品处理、婚纱摄影、包装设计等内容。

本书各任务的主要内容及功能如下：

【综述】　概括说明基础篇或者实战篇的学习方向。

【学习目标】　讲述本任务要掌握的知识和技能。

【试一试】　让学生根据步骤制作出效果图，使其有所成就感。

【练一练】　每个任务结束后给出几个操作题目让学生上机练习，以检查学生对本任务操作技能的掌握情况。

【知识链接】　讲述与本任务实例及知识有关的社会行业知识，增加学生的同行业知识。

【学习评价】　采用表格的形式，让教师对学生针对学习的情况进行知识与技能、过程与方法、情感态度价值观方面的评价。

本书由陈良华主编，吴万明、卢英、任小琼、熊传红担任副主编，参与编写的老师还有陈果、施念星、欧阳崇坤、刘先玉、周友明、傅诗灵、陈德莉、陈曦、周振瑜、邹苇、唐智慧、黄凤、石正兰、徐华、唐宗全。由于作者水平有限，时间仓促，书中难免有错误和疏漏之处，敬请广大读者批评指正。

编　者

2016年5月

目　录

实践篇

基 础 篇
JICHUPIAN 》》

[综　　述]

如今，设计行业早已进入了数字化时代，各种设计作品最终都要通过计算机以数字化方式呈现。中等职业学校美术设计与制作专业的学生在毕业后最主要的就业岗位是在设计行业中从事"美工"方面的工作，主要的工作内容是图形图像编辑，从而制作出满足要求的视觉效果。因而，Photoshop图像处理是美术设计与制作专业的一门核心基础课程。

Adobe Photoshop是由Adobe Systems开发和发行的图像处理软件，带有多种编修与绘图工具，可以有效地对图片进行查看、编辑、合成等操作，被广泛应用于平面设计、多媒体制作、影视创作等领域，成为使用范围最广的图像处理软件。

本篇将以Adobe Photoshop CC为版本，讲解Photoshop的基础知识，包括Photoshop基本操作、Photoshop工具和命令的介绍、图像的选取、绘制和调色、文字处理、图层、通道和蒙版的基本运用。

[培养目标]

①学会图像的选取、移动、裁剪等基本编辑方法。

②学会图像的绘制。

③学会对图像的色彩填充，色彩调整。

④学会文字的使用。

⑤学会Photoshop中图层、蒙版、通道的使用。

学习任务一
初识Photoshop CC

> **[学习目标]** ①了解图形图像处理的概念和图形图像处理的常用软件。
> ②掌握证件照的排版方法以及证件照的相关知识。
> ③掌握Photoshop CC中文件的基本操作及文件的格式。
>
> **[学习重点]** ①熟悉Photoshop CC的软件界面。
> ②理解不同软件格式之间的区别。
>
> **[学习课时]** 6课时。

一、Photoshop CC的启动与退出

1.启动

Photoshop CC的启动方法与其他应用程序的启动方法一样,可以采用以下两种方式:

● 执行"开始/程序/Adobe Photoshop CC"菜单命令启动。

● 双击桌面上Photoshop CC快捷图标 Ps 启动。

无论采取哪种启动方式,启动后的Photoshop CC界面如图1-1所示。

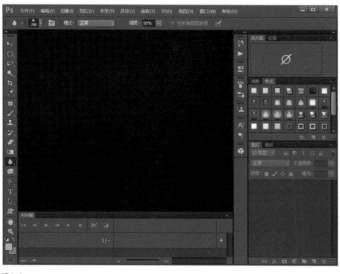

图1-1

2.退出

Photoshop CC有以下3种退出方式:

● 执行"文件\退出 (快捷键: Ctrl+Q)"菜单命令。

● 在键盘上按Alt+F4快捷键。

● 直接单击工作界面右上角的 X 按扭。

二、Photoshop CC的工作界面

执行"文件/打开"菜单命令并打开一幅图像后的界面,如图1-2所示。

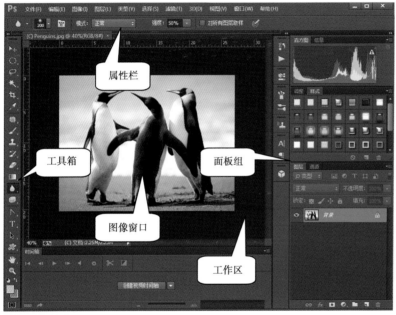

请认识一下工具箱中各种图标的作用。

图1-2

Photoshop CC的工作窗口与其他软件类似,都有菜单栏、状态栏、工具箱等,但还有以下特有内容:

● 属性栏:位于菜单栏的下面,显示工具箱中当前所选择按钮的参数和选项设置,不同的工具有不同的属性栏。

● 面板组:也称浮动窗口或调板,位于窗口的右侧。

● 图像窗口:创建文件的工作区,就是打开的图像或绘画的区域。

● 工作区:Photoshop CC中大片的灰色区域称为工作区,工具箱、属性栏、控制面板、图像窗口等都位于工作区内。

三、Photoshop CC的文件创建

要新建文件可以执行"文件\新建"(快捷键: Ctrl+N) 菜单命令,将出现如图1-3所示的对话框,正确设置此对话框中的参数对一幅作品影响很大,下面介绍各项参数的内容与设置方法。

图1-3

- "名称"选项：输入新建文件的名称，默认情况下为"未标题_1"。
- "预设"选项：文件尺寸（如A4，B5），或自己定义文件尺寸。
- "宽度"和"高度"选项：设置文件宽度和高度的尺寸，在后面可以设置所使用的单位，包括像素、厘米、毫米、点、派卡和列等。
- "分辨率"选项：设置新建文件的分辨率，其中的单位有"像素/英寸""像素/厘米"。
- "颜色模式"选项：设置新建文件的模式，其中有位图、灰度、RCG模式、CMYK模式和LAB模式，使用最多的是RGB模式和CMYK模式；其后面的颜色位数有：1位、8位、16位、32位。
- "背景内容"选项：设置新建文件的背景颜色，有透明、白色和背景色3个选项。单击"高级"选项还可以设置颜色配置文件和像素长度比。

四、Photoshop CC制作

下面通过制作日常生活中常用的证件照来学习Photoshop CC的移动工具、标尺和参考线，最终效果如图1-4所示。

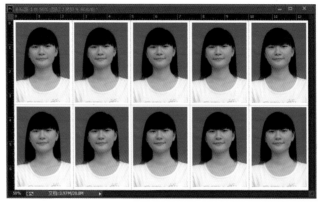

图1-4

知识链接

（1）移动工具 ▶+：位于工具箱的最上面，用于移动选定的对象。

（2）精确定位图像和元素常用标尺、参考线和网格。

•标尺：默认标尺的原点在左上角标尺上的（0，0）标志，表示开始度量的位置。

•参考线：用于精确确定图像或元素的位置。

•网格：用于对称地布置图像元素。显示或关闭网格时，执行"视图\显示\网格"菜单命令（快捷键：Ctrl+'）。

（1）执行"文件\新建"（快捷键：Ctrl+N）菜单命令新建文件，参数设置如图1-5所示。

图1-5

（2）按Ctrl+R键调出标尺，方便后面的定位，如图1-6所示。

图1-6

（3）从纵标尺上拉出2.5 cm、5.0 cm、7.5 cm、10.0 cm的4条参考线，从横标尺上拉出3.5 cm的参考线，如图1-7所示。

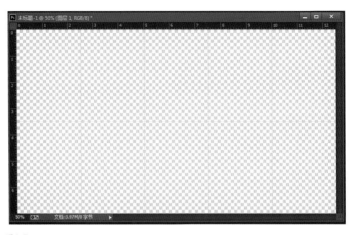

图1-7

（4）执行"文件\打开"（快捷键：Ctrl+O）菜单命令，在"素材"文件夹中找到准备好的
2.5 cm×3.5 cm的相片文件"标准像.jpg"，如图1-8所示。

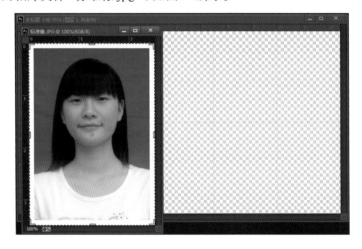

图1-8

（5）选择移动工具，将相片拖到新建的文件上面，并放于左上角的标尺内，如图1-9所示。

图1-9

（6）继续用移动工具，按住Alt键并拖动鼠标，则复制出第二张相片，注意目标相片要靠紧参考线。按照图1-10中箭头标注的方向逐个复制，最终效果如图1-4所示。

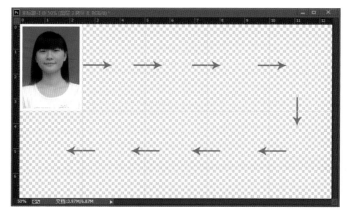

图1-10

（7）执行"文件\存储"菜单命令，在出现的对话框中选择文件保存的路径并输入文件名，单击"确定"按钮即可保存文件。

（8）如果有打印设备，可以执行"文件\打印"菜单命令，将出现如图1-11所示的打印对话框，在选择打印机并设置好打印选项后即可进行打印。

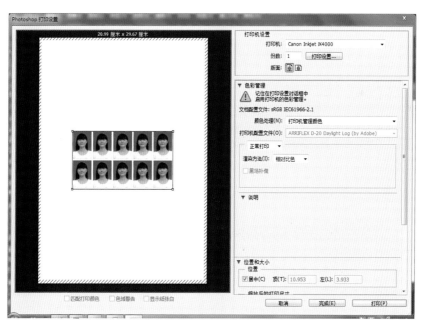

图1-11

1.像素与分辨率

像素与分辨率是Photoshop软件最常用的两个概念,它们的设置决定了文件的大小和图像的质量。

- 像素:是构成图像的最小单位,位图中的每一个色块就是一个像素,且每一个像素只显示一种颜色。
- 分辨率:是指单位面积内图像所包含像素的数目,通常用"像素/英寸""像素/厘米"表示。

分辨率的高低直接影响图像的效果,分辨率越高,图像越清楚,文件越大;反之分辨率越小,图像越不清楚,但文件也随之变小。

实用图像分辨率设置如表1-1所示。

表1-1

用 途	分辨率
喷绘写真(喷绘广告,灯箱片)	100 像素/英寸
新闻纸印刷(彩色、黑白)	120 像素/英寸
胶版纸、铜版纸印刷	300 像素/英寸
精美画册、高档书籍	400 像素/英寸
屏幕显示	72 像素/英寸

2.文件的存储格式

Photoshop软件可以支持很多种图像文件的格式,下面讲解常用的几种文件格式,有助于以后对图像进行编辑、保存和转换。

- PSD格式:默认的文件格式,而且是除大型文档格式(PSB)之外支持所有图像色彩模式的唯一格式,需要的存储空间较大。
- BMP格式:DOS和Windows兼容计算机上的标准Windows图像格式,支持RGB、索引颜色、灰度和位图颜色模式。
- GIF格式:一般用于Web中,只支持256色,文件大小较小,便于传输。多数全彩色图像都采用这种格式,常用于Web图像。
- JPEG格式:与GIF格式不同,JPEG保留RGB图像中的所有颜色信息,压缩比例较大,文件大小适中。JPEG图像在打开时自动解压缩。在大多数情况下,"最佳"品质选项产生的结果与原图像几乎无分别。
- PNG格式:采用无损压缩方式,支持24位图像,是JPEG和GIF两种格式优点的结合。
- TIFF格式:用于在应用程序和计算机平台之间交换文件。TIFF 是一种灵活的位图图像格式,被几乎所有的绘画、图像编辑和页面排版软件所支持。支持具有Alpha通道的CMYK、RGB、Lab、索引颜色和灰度图像,以及没有Alpha通道的位图模式图像。

练一练

一、填空题

1.在photoshop CC中打开文件的快捷键是＿＿＿＿＿＿＿＿＿。

2.在photoshop CC中要精确定位图像的位置可以采用＿＿＿＿＿＿、＿＿＿＿＿＿和网格等工具。

3.Photoshop CC存盘时默认的文件格式是＿＿＿＿＿＿＿＿＿。

二、判断题（正确的画"√"，错误的画"×"）

1.在计算机中图形和图像没有什么本质区别。　　　　　　　　（　　）

2.文件菜单中的"签入…"也是一种存盘命令。　　　　　　　（　　）

3.分辨率是指矢量图中的细节精细度。　　　　　　　　　　　（　　）

4.一般来说，图像的分辨率越高，得到的印刷图像的质量就越好。（　　）

5.标尺的原点（0，0）总是位于文档的左上角。　　　　　　　（　　）

三、操作题

利用图1-12所示素材，制作一个有12张相片的大头贴版纸。

图1-12

学习评价

学习要点	我的评分	小组评分	教师评分
会启动和退出软件（10分）			
能识别Photoshop CC的界面各部分（30分）			
会创建Photoshop文件（20分）			
能制作证件照并排版（40分）			
总　分			

>>>>>>>>> 学习任务二
图像编辑

[学习目标] ①学会图像的选取。
②学会图像的绘制。
③学会色彩的编辑。

[学习重点] ①学会选取框、套索、魔术棒等选取工具的使用。
②学会画笔、特殊画笔的使用和笔刷的设置。
③学会色彩的填充和设置。

[学习课时] 6课时。

一、选区

1.选区的概念

在图像编辑过程中被选择出来的特定区域称为选区，被选定的部分用浮动的虚线选框的方式表示。在选区中，能够进行移动、拷贝、描绘或者色彩调整等操作而不会影响选区以外的部分。它包含了工具选取、色彩范围选取、命令选取3种选取方式。

2.选区的作用及操作

	正方形或正圆选区	添加选区	减少选区	交叉选区
	按Shift键	按Shift键	按Alt键	按Shift+Alt键
基本的选区方式	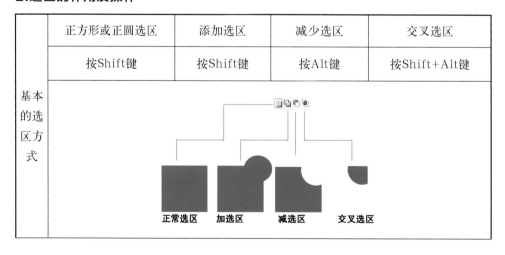			

使用工具选取	椭圆选框工具	选择较规则的圆形
	魔棒工具	容差就是颜色选取的范围。值越小，选取的颜色越接近，选取范围越小。魔棒常用于选择较单一的颜色
	套索工具	操作简单，但难控制，用在精度不高的区域选择上
	多边形套索工具	用于选出轮廓形状呈线条形的图形
	矩形选取工具	选择较规则的方形
	磁性套索工具	选出色彩边界明显的图形，该选区可作逐步调节
	使用色彩范围选取	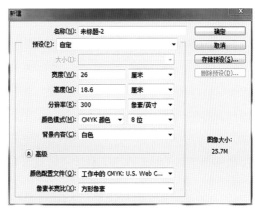
使用命令选取	全选	取消选区 反选

二、图像选取

下面通过制作一个"洗衣机"广告单来学习图像的选取，最终效果如图2-1所示。

（1）执行"文件\新建"菜单命令新建文件，参数设置如图2-2所示。

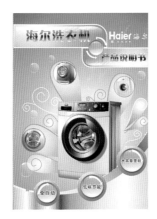

图2-1

图2-2

（2）打开"素材\任务二\海尔洗衣机.jpg"文件，如图2-3所示。

（3）双击图层面板中的背景层，在弹出的对话框中单击"确定"按钮，将背景图层转化为普通图层，如图2-4所示。

图2-3   图2-4

（4）在工具箱中选择磁性套索工具 （快捷键：L），在洗衣机图像的边缘单击鼠标左键，然后围绕边缘移动一周，回到起点时单击自动闭合形成选区，将洗衣机图像选取，如图2-5所示。

（5）打开"素材\任务二\海尔洗衣机封面背景.jpg"文件，如图2-6所示。

图2-5   图2-6

（6）选择移动工具（快捷键：V）将洗衣机图像移动复制到海尔洗衣机封面背景上，如图2-7所示。

（7）打开"素材\任务二\海尔洗衣机封面元素.jpg"文件，选择魔棒工具 (快捷键：W)，单击画面中白色背景，选中白色区域，按Ctrl+Shift+I组合键进行反选，选中图像区域，如图2-8所示。

（8）选择移动工具（快捷键：V）将洗衣机图像移动复制到海尔洗衣机封面背景上，最终效果如图2-1所示。

图2-7

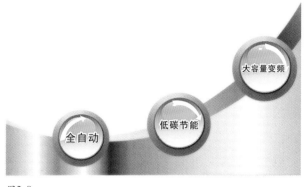

图2-8

三、绘画工具

1.绘画工具的种类

在Photoshop中绘画，可以利用工具箱中的工具：

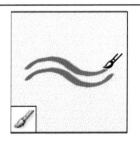 画笔工具可绘制画笔描边	 铅笔工具可绘制硬边描边	 颜色替换工具可将选定颜色替换为新颜色
	历史记录画笔工具可将选定状态或快照的副本绘制到当前图像窗口中	 历史记录艺术画笔工具可使用选定状态或快照，采用模拟不同绘画风格描边进行绘画
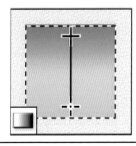	渐变工具可创建直线形、放射形、斜角形、反射形和菱形的颜色混合效果	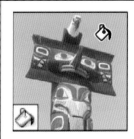 油漆桶工具可使用前景色填充选区或填充着色相近的区域

2.画笔工具和铅笔工具的使用

画笔工具和铅笔工具可在图像上绘制当前的前景色,使用步骤如下:

(1)选取一种前景色。

(2)选择画笔工具 或铅笔工具 。

(3)从"画笔预设"选取器中选取画笔。

(4)在选项栏中设置模式、不透明度等选项。

(5)按下列方法其中之一或组合进行绘画操作:

● 在图像中拖动进行绘画。

● 要绘制直线,请在图像中单击起点,然后按住 Shift 键拖动到需要的终点后单击。

● 在将画笔工具用作喷枪时,按住鼠标左键(不拖动)可增加颜色量。

3.绘画工具的选项

● 模式:设置绘制颜色与图中原有像素混合的方法。

● 不透明度:设置应用颜色的透明度。

● 流量 :指针移动到某个区域上方时应用颜色的速率。

● 喷枪:使用喷枪模拟绘画。

● 自动抹除:(仅限铅笔工具)在包含前景色的区域上方绘制背景色,选择要抹除的前景色和要更改的背景色。

四、绘制图画

利用画笔工具绘制一幅山水画,来学习绘图工具的使用,最终效果如图2-9所示。

图2-9

1. 绘制石头

(1)执行"文件\新建"菜单命令新建文件,参数设置如图2-10所示。

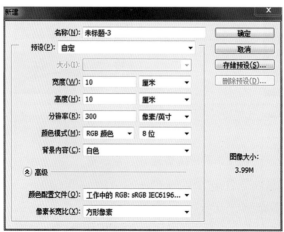

图2-10

（2）选择画笔工具（笔触：30；设置喷枪功能：不透明）画出石头的大体轮廓，注意不要太呆板。

 友情提示

　　要让水墨效果自然、生动，可以通过调节画笔不透明度和流量的值来控制画面的浓淡。用涂抹工具、模糊工具、减淡工具可表现出水墨晕染效果。

（3）继续用不透明度为88%、流量为85%的画笔工具绘制出石头的大体明暗关系，如图2-11所示。

（4）用涂抹工具🖌和模糊工具🌢沿线条涂抹勾画，可体现出毛笔绘画和晕染的效果，如图2-12所示。

图2-11

图2-12

2.绘制树枝、树叶

（1）选择画笔工具，参数设置如图2-13所示。

图2-13

图2-14

（2）用画笔工具和涂抹工具画出枝条，如图2-14所示。

（3）建立"树叶"图层，选择画笔工具，属性栏设置如图2-15所示。

（4）画出叶片，用油漆桶工具上灰色以体现国画的浓淡变化，如图2-16所示。

图2-15

图2-16　　　　　　　　　　　图2-17

（5）选取涂抹工具中的手指绘画和喷枪工具  一起画出叶脉，使树叶效果更加生动自然，以接近真实的水墨效果，如图2-17所示。

3.绘制花朵

（1）用不透明度为30%的画笔工具画出花朵大体轮廓，再用加深/减淡工具 （快捷键：Ctrl+O）对转折处进行加深，对中间部分进行减淡，如图2-18所示。

（2）绘制出花朵的阴影，用画笔工具给花朵染上黄色（K：55），设置如图2-19所示，效果如图2-20所示。

（3）复制两个花朵，运用变换工具 （快捷键：Ctrl+T）调整它们的大小和位置、方向等，如图2-21所示。

图2-18

图2-19

图2-20　　　　　　　　　　　图2-21

4.添加文字图章

打开"素材\任务二\文字图章.jpg"文件,用移动工具将其放入山水画中,最终效果如图2-9所示。

五、色彩填充

1.填充的概念

以指定的颜色或图案对所选区域进行的处理。

2.填充的4种方式

● 键盘命令: 按Ctrl+Del键进行背景色填充,按Alt+Del键进行前景色填充,按快捷键"D"恢复初始色彩,按快捷键"X"实现前景色和背景色互换。

● 颜料桶工具 : 使用前景色填充,选择前景色;使用指定图案填充,则设置图案。双击颜料桶工具,可打开选项面板进行设置,如图2-22所示。

图2-22

● 填充命令 (快捷键: Shift+F5): 使用填充命令可按所选颜色或定制图像进行填充,以制作出别具特色的图像效果。

● 渐变工具 (快捷键: G): 产生两种及以上颜色的渐变效果。

渐变方式: 线性渐变、径向渐变、角度渐变、对称和菱形渐变5种,如图2-23所示。

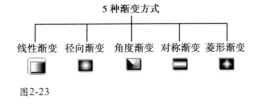

图2-23

六、为图案上色

下面通过为黑白的卡通人物上色,来学习色彩填充,最终效果如图2-24所示。

(1)打开"素材\任务二\卡通线稿.jpg"文件,如图2-25所示。

图2-24   图2-25

（2）使用魔棒工具单击人物的头发部分，加选（Shift键）需要填色的空白区域，选择填充工具 🪣 填充前景色（C：20 M：45 Y：90 K：10），设置如图2-26所示，效果如图2-27所示。

图2-26   图2-27

（3）新建"脸部"图层。使用魔棒工具（快捷键：W）加选（Shift键）需要填色的空白区域，填充前景色（C：0 M：15 Y：25 K：0），设置如图2-28所示，效果如图2-29所示。

图2-28   图2-29

（4）使用魔棒工具选择眼睛部分（快捷键：W）加选（Shift键）需要填色的空白区域，填充前景色（C：0 M：15 Y：25 K：0），设置如图2-30所示，效果如图2-31所示 。

图2-30   图2-31

（5）在工具箱中选择画笔工具，在属性栏中单击"切换画笔属性"按钮 ，设置画笔属性，如图2-32所示。设置前景色为白色，使用画笔在眼睛中描绘高光，如图2-33所示。

图2-32   图2-33

（6）设置前景色为（C：10 M：30 Y：50 K：0），如图2-34所示。在工具箱中选择画笔工具 ，单击"切换画笔属性"按钮设置画笔属性，如图2-35所示。使用画笔绘制头发的亮光，最终效果如图2-24所示。

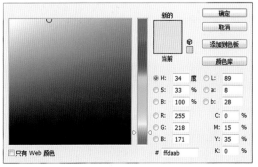

图2-34   图2-35

练一练

操作题

1.运用图2-36所示的素材制作出图2-37所示的效果。

图2-36　　　　　　　　　　图2-37

2.请将图2-38所示的偏色照片进行颜色校正,达到图2-39所示的效果。

图2-38　　　　　　　　　　图2-39

学习评价

学习要点	我的评分	小组评分	教师评分
会使用选取框、套索、魔术棒选取工具选取图像,并能设置画笔、使用填充工具编辑图像（60分）			
能调整图像像素大小,使图像构图协调（20分）			
会与同学讨论、协作,并帮助同学完成操作（20分）			
总　　分			

学习任务三
文字处理

[学习目标] ①掌握文字的类型及文字的创建方法。
②掌握文字转换的方法。
③掌握特效文字的制作方法。

[学习重点] ①学会使用文字工具创建段落文本、美术文本。
②学会使用文本属性框对文本属性进行设置。
③学会段落文本、美术文本的转换，文字与图像的转换。

[学习课时] 6课时。

一、文本

在Photoshop中，文本是输入文字的总称，包含美术文本和段落文本。

1.文本的创建

文字输入可以采用工具箱中的文字工具组，该组中包含有4个工具，如图3-1所示。

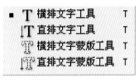

图3-1

值得注意的是：我们在创建多行文本时，方法不止一种。例如，我们在制作户型介绍文字中是利用回车键将一行变为多行；也可以将每行分别输入，再调整位置；还可以设置"段落文本定界框"，框里的文字就会根据定界框的位置进行自动换行。这三种方法的选用视操作者的操作习惯而定。

2.文本的输入种类

文本分为两大类：点文本和段落文本。两种文本之间的本质区别在于段落的性质，点文本是无法自动换行的，段落文本则可以。虽然在画面效果上体现不出区别，但实际操作中的区别是巨大的，这里以两点来说明：

（1）点文本在创建时，直接进行输入即可；段落文本必须先设置"段落文本定界框"。

（2）点文本在创建多行文字时，不能自动换行，必须借助"回车键"才能实现换行操作；而段落文本在创建多行文字时，只要设置好"段落文本定界框"就可实现自动换行。

点文本与段落文本之间转换有两种方式：

图3-2

● 执行"图层/文字/转换为段落文本"或"图层/文字/转换为点文本"菜单命令；

● 选择图层，右击鼠标，在快捷菜单中选择"转换为段落文本"或"转换为点文本"命令。

3."字符"调板的应用

在编辑文字格式时，往往要使用"字符"调板。在"字符"调板上集中了较为全面的文字格式编辑选项，如图3-2所示。

需要提出的是"设置基线偏移"选项与Word软件中的"格式/字体/字符间距/位置"命令相似，数值设置均有3种情况：

● 为0，所选字符与基线水平对齐；

● 为正数，所选字符在基线上方，效果为位置提升；

图3-3

● 为负数，所选字符在基线下方，效果为位置下沉。

效果图中的主标题文字"重庆火锅"之所以位置错落，就是对每个字都执行了"基线偏移"命令。局部效果如图3-3所示。

4.文字变形

进行文字变形有两种方法：

● 选中文字，右击鼠标，在快捷菜单中选择"文字变形"命令。

● 执行"图层/文字/文字变形"菜单命令。

5.沿路径排文

沿路径排文就是指文字沿着事先画好的路径排列形状。

二、文字编辑

下面通过制作"火锅"宣传页，来学习Photoshop中的文字处理，最终效果如图3-4所示。

（1）在Photoshop环境下，打开"素材\任务三\火锅.jpg"文件，画布窗口效果如图3-5所示。

（2）选择横排文字工具 **T**，将前景色设置为黑色。在页面左上角单击鼠标建立文字插入点，输入文字"火锅发展"，并在文字属性栏中设置字体为"隶书"，字号为"48点"。移动文字"火锅发展"至适当位置，效果如图3-6所示。

（3）用同样的方法完成文字"火锅特色"的输入，效果如图3-7所示。

图3-4

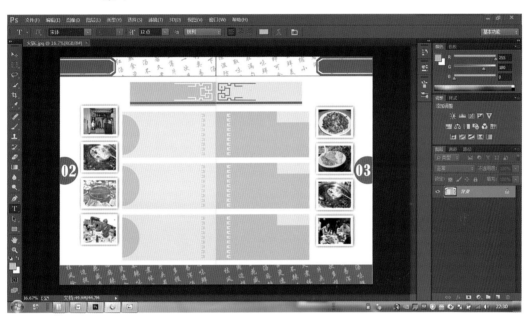

图3-5

图3-6

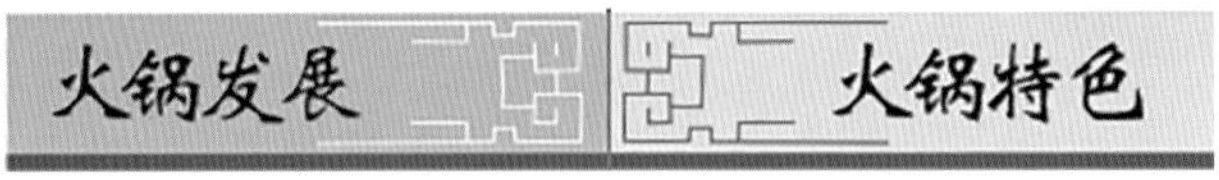

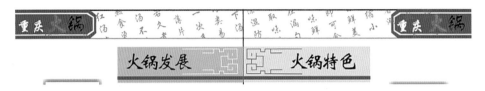

图3-7

（4）完成页眉文字的输入，将前景色设为白色，在左上角页眉图案上输入文字"重庆"，字体为"行楷"，字号为"36点"；输入文字"火锅"，字体为"行楷"，字号为"48点"，"火"字的颜色设为红色，"锅"字的颜色设为黑色，效果如图3-8所示。

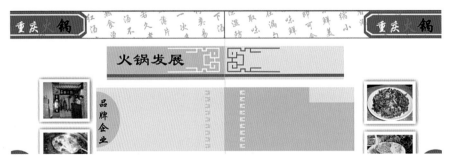

图3-8

（5）选中文字"火锅"，单击文字属性栏中的字符按钮 ，弹出字符面板，设置字符漂浮为"8点"，如图3-9所示。"火锅"两个字在原来的基础上向上移动，效果如图3-10所示。

图3-9

图3-10

（6）完成栏目小标题文字的输入。选择直排文字工具 ，在左页面半圆形栏目标题图案处单击，建立文字插入点，输入文字"品牌企业"，字体为"隶书"，字号为"30点"，效果如图3-11所示。

图3-11

（7）在图层面板中选择"品牌企业"图层，如图3-12所示。单击工具箱中的移动工具，按下键盘上的Alt键，移动并复制文字"品牌企业"到相应的半圆形栏目标题图案处，效果如图3-13所示。

（8）将复制出来的栏目小标题文字改为"香飘四方""远渡海外"，效果如图3-14所示。

图3-12

图3-13

图3-14

（9）采用相同的方法，完成右页栏目标题文字的输入。文字分别是"菜品多样""调料独特""吃法豪放"，效果如图3-15所示。

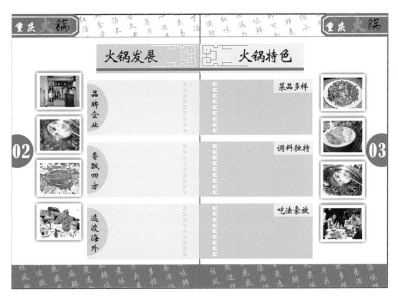

图3-15

（10）选择横排文字工具，将前景色设置为黑色。在品牌企业栏目左上角处按下鼠标左键向右下角拖动，建立段落文本框，效果如图3-16所示。

（11）在文本框中录入相应的文字，字体为"宋体"，字号为"10点"。单击文字属性栏上的文字格式图标 ▣，弹出字体与段落控制面板，参数设置如图3-17所示，效果如图3-18所示。

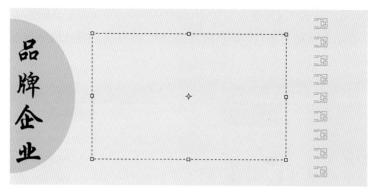

图3-16

图3-17

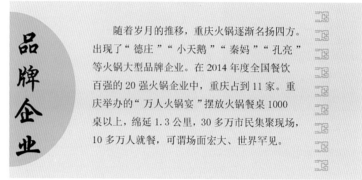

随着岁月的推移，重庆火锅逐渐名扬四方。出现了"德庄""小天鹅""秦妈""孔亮"等火锅大型品牌企业。在2014年度全国餐饮百强的20强火锅企业中，重庆占到11家。重庆举办的"万人火锅宴"摆放火锅餐桌1000桌以上，绵延1.3公里，30多万市民集聚现场，10多万人就餐，可谓场面宏大、世界罕见。

图3-18

（12）采用相同的方式完成其他栏目文字的录入，效果如图3-4所示。

（13）将完成的文件存储为"火锅.PSD"文件。

练一练

一、填空题

1.Photoshop CC提供了_____种文字工具，分别是_____、_____、_____和_____。

2.Photoshop CC中，点文本与段落文本之间相互转换的方法有_____和_____。

3.文字转换的种类有_____、_____和_____。

4.现在画布窗口中输入了一段文字，要求对该段文字进行滤镜特效的处理，那么，首先应将文字进行_____。

二、判断题（正确的画"√"，错误的画"×"）

1.栅格化文字就是将选中图层转换为普通图层。　　　　　　　　　（　　）

2.将文字设置了"仿粗体"后，不能再进行"文字变形"操作。　　　（　　）

3."字符"调板中没有"文字变形"选项。　　　　　　　　　　　　（　　）

三、操作题

打开"素材\任务三\创建美丽家园.jpg"文件，如图3-19所示，在该背景上创建文字，完成后的效果如图3-20所示。

图3-19

图3-20

学习评价

学习要点	我的评分	小组评分	教师评分
会输入文字，并能对文字进行排版编辑（60分）			
能设置字符面板及文字样式（20分）			
能与同学商量，互相学习，共同进步（20分）			
总　　分			

>>>>>>> 学习任务四
图层的运用

[学习目标] ①理解图层的概念,掌握对图层的编辑操作。
②掌握图层样式的运用。
③掌握图层混合的使用。

[学习重点] ①对不同图层的理解和运用。
②掌握图层样式参数的设置。
③掌握不同的图层混合的效果。

[学习课时] 8课时。

一、图层

1.图层的概念

图层就像是一张粘贴画,每张图像都是独立、分开的,但最后组成一个完整的新图像。每张贴上去的图像有前后之分,可以调整次序。前面的图像可以遮挡后面的图像;前面图像的空白处可以透出后面的图像。图层的原理如图4-1所示。

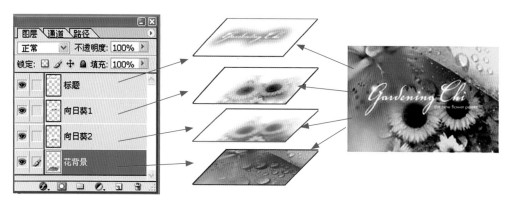

图4-1

2.图层的分类

根据不同的作用,图层分类如下:

● 背景层：处于图层面板的最下方。在Photoshop软件中，一个图像文件中只能有一个背景层，它可以与普通层相互转换，但不能相互交换重叠次序。如果当前图层为背景层，执行"图层/新建/背景图层"菜单命令或在"图层"面板的背景层上双击鼠标，便可以将当前层转换为普通层。

● 普通层：没有图像的普通层相当于一张完全透明的纸，是Photoshop软件中最基本的图层类型。单击"面板"底部的 按钮，或执行"图层/新建/图层"菜单命令，即可在文件中新建一个普通图层。普通图层的重叠次序可以相互交换。

● 调节层：主要用于调节其下所有图层中图像的色调、亮度和对比度等。

● 效果层：当"图层"面板中的图层应用图层效果（如阴影、投影、发光、斜面、浮雕以及描边等）后，右侧会出现一个图标▼ 🗲 （效果层），表明这时这个图层带有图层效果。单击"图层"面板底部按钮 🗲，在弹出的下拉列表中选择任意一个选项，然后在弹出的对话框中单击"好"按钮，即在图层中创建了一个效果层。

● 形状层：使用工具箱中的形状工具在文件中创建图形后，"图层"面板自动建立的一个图层。当执行"图层/像素化/形状"菜单命令后，形状层可以转换为普通层。

● 蒙版层：在图像中，图层蒙版中颜色的变化使其所在层的图像产生透明效果。其中，该图层中与蒙版的白色部分相对应的图像不产生透明效果，与蒙版的黑色部分或灰色部分相对应的图像产生透明或相应程度的半透明效果。

● 文本层：使用工具箱中的文字工具，在文件中创建文字后，"图层"面板自动创建的一个图层，其缩览显示为 T 图标。当对输入的文字进行变形后，文本层将显示为变形文本层，其缩览显示为 图标。

二、图层编辑

通过设计制作牙膏广告招贴来学习图层的编辑，最终效果如图4-2所示。

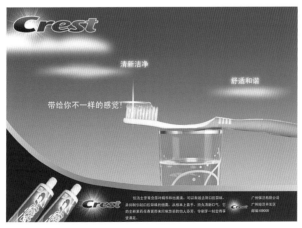

图4-2

1.制作画面的背景

（1）新建文件，参数设置如图4-3所示。

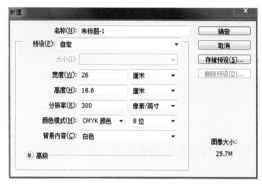

图4-3

（2）制作背景效果。选择渐变工具，设置渐变颜色如图4-4所示，然后按下Shift键在新建文件中从上往下垂直拉出一条渐变线，完成后得到如图4-5所示的背景颜色。

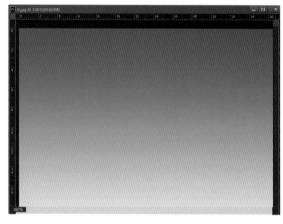

图4-4

图4-5

2.将素材图片添加到画面中并调整颜色

（1）打开"素材\任务四\牙刷.jpg"和"素材\任务四\水杯.jpg"两个文件，如图4-6和图4-7所示。素材图片的选择可以到图库中寻找，条件允许最好自己拍摄。

图4-6

图4-7

（2）选择钢笔工具 ，结合Alt键和Ctrl键将画面中的牙刷勾勒出来，如图4-8所示。制作好路径以后按Ctrl+Enter键将路径转换成选区，如图4-9所示。

图4-8   图4-9

（3）按Ctrl+C键和Ctrl+V键将选区中的牙刷复制到新建文件中。并用相同的方法复制水杯到新建文件中，如图4-10所示。

（4）对复制到文件中的图像进行大小、位置的调整，如图4-11所示。

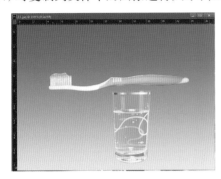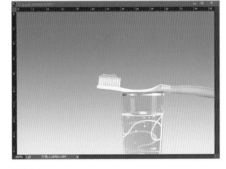

图4-10   图4-11

3.制作辅助图形

（1）用钢笔工具 在画面的下方勾画出如图4-12所示的路径。

（2）在图层面板中新建图层，并命名为"色块"。按Ctrl+Enter键将路径转换为选区。将前景色设置为"C=100、M=80、Y=20、K=20"的深蓝色，按Alt+Delete键填充前景色于选区中，如图4-13所示。

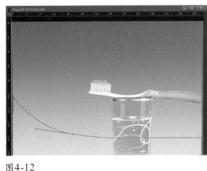

图4-12   图4-13

（3）选择选区工具 ，将鼠标移动到选区内，按向上的光标键，向上移动选区到合适的位置。在图层面板中新建图层命名为"色条"，将它置于"色块"图层下面。选择渐变工具 ，渐变设置如图4-14所示，水平拖动渐变线，形成线性渐变，效果如图4-15所示。

图4-14

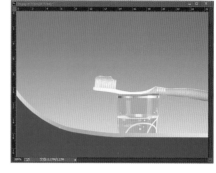

图4-15

4.丰富背景画面，制作背景云彩和亮星

（1）新建"云彩"图层，用钢笔工具勾画出云彩的外形，如图4-16所示。

（2）按Ctrl+Enter键将路径转换为选区，并在选区中填充白色，按Ctrl+D键取消选区，如图4-17所示。

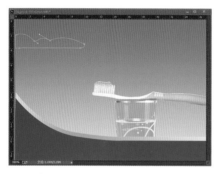

图4-16

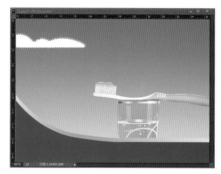

图4-17

（3）云的图案边缘要模糊羽化，才更真实。执行"滤镜/模糊/高斯模糊"菜单命令，弹出对话框，设置模糊大小为40像素，参数如图4-18所示。

（4）照此方法制作其他云彩，如图4-19所示。

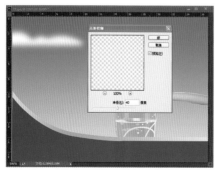

图4-18

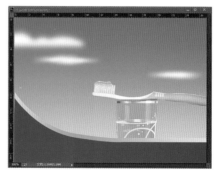

图4-19

（5）打开素材中的"亮星.psd"文件，将图像文件中的"亮星"复制到图中的位置，并调整大小，如图4-20所示。

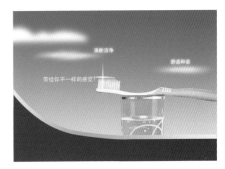

图4-20

5.制作广告语和标志

（1）用文字工具在画面中输入广告语："清新洁净，舒适和谐，带给你不一样的感觉"。按Ctrl+T键调整文字的大小和字体位置，参数设置如图4-21所示，效果如图4-22所示。

图4-21

图4-22

（2）双击文字图层，选择"外发光"选项，参数设置如图4-23所示，效果如图4-24所示。

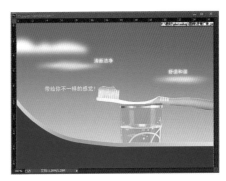

图4-23

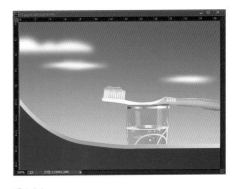

图4-24

（3）打开"素材\任务四\标志.psd"文件，如图4-25所示，将图像中的产品标志和爆炸光晕复制到画面中，并调整位置和大小，如图4-26所示。

图4-25

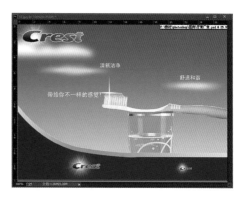

图4-26

（4）打开"素材\任务四\牙膏.jpg"文件，使用钢笔工具将产品"牙膏"图像勾勒出来，并把封闭的路径转换成选区，复制图像放到画面的合适位置，并调整大小和方向，如图4-27所示。

6.调整

输入产品说明文字，并调整各层中图像、文字的大小和位置，最终效果如图4-2所示。

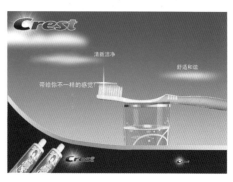

图4-27

试一试

根据图层的不同特点填写下表。

选项 名称	能否交换位置	能否应用图层效果	能否转换为普通图层
背景层			
普通层			
调节层			
效果层			
形状层			
蒙版层			
文本层			

三、图层样式

1.图层样式的概念

图层样式就是在图层中的图像文字的效果。图层样式可以帮助用户快速应用图层内容。用户可以查看各种预定义的图层样式，并且通过单击鼠标即可应用样式，还可以自定义图层样式。

图层样式命令如下：

●投影：给当前图层中的图像添加投影，在其右侧的窗口中可以设置投影不透明度、角度、与图像的距离以及大小等参数。

●内阴影：使当前图层中的图像产生看起来像陷入背景中的效果，在其右侧的窗口中可以设置内阴影的不透明度、角度、阴影距离和大小等参数。

●外发光：使当前图层中图像边缘的外部产生发光效果，在其右侧的窗口中可以设置外发光的不透明度和颜色等参数。

●内发光：与"外发光"选项相似，只是它在图像边缘的内部产生发光效果。

●斜面和浮雕：是图像在制作特殊效果时经常用到的命令，使当前图层中的图像产生不同样式的浮雕效果，在其右侧的窗口中可以设置斜面和浮雕的样式、方法、深度、方向、大小、角度、高度及不透明度等参数。还可以为当前图像添加纹理效果。

●描边：在当前图像的周围描一个边缘的效果，描绘的边缘可以是一种颜色、一种渐变色，也可以是一种图案。在其右侧的窗口中可以设置描边的大小、位置、混合模式和不透明度等参数。

●光泽：使当前图层中的图像产生类似绸缎的平滑效果，在其右侧的窗口中可以设置光泽的颜色、不透明度、角度、距离和大小等参数。

●颜色叠加：产生类似于纯色填充层所产生的效果，它是在当前层的上方覆盖一种颜色，然后对颜色设置不同的混合模式和不透明度，以产生特殊的效果。

●渐变叠加：产生类似于渐变填充层所产生的效果，它是在当前层的上方覆盖一层渐变颜色，以产生特殊的效果。在其右侧的窗口中可以设置渐变的颜色、样式、角度以及不透明度等参数。

●图案叠加：产生类似于图案填充层所产生的效果，它是在当前层的上方覆盖不同的图案，然后对此图案设置不同的混合模式和不透明度，以产生特殊的效果。

2.图层样式的创建

图层样式可以通过单击图层面板底部的"添加图层样式"按钮 *fx.* 来创建，如图4-28所示，可以在弹出的样式混合选项面板中设置相应参数，也可以在"图层"菜单中选择"创建图层样式"命令，如图4-29所示。

图4-28

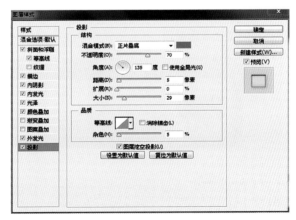

图4-29

四、图层样式应用

通过设计播放器界面来学习图层样式的应用,最终效果如图4-30所示。

图4-30

1.制作水晶按钮

(1)新建文件,参数设置如图4-31所示。

图4-31

(2)单击图层面板下的新建图层按钮 新建"图层1",单击工具箱中的圆角矩形工具 ,并激活属性栏中的填充像素选项,在新建文件中创建大小适中的圆角矩形图像,如图4-32所示。

图4-32

(3)单击移动工具,将鼠标移到圆角矩形上,并按下键盘上的Alt键,复制出一个圆角矩形。用相同的方法再复制出5个圆角矩形,如图4-33所示。

图4-33

（4）按下Ctrl键单击各个圆角矩形所在的图层，使6个图层都成选中状态，单击图层面板底部的链接图层按钮 ⊖⊕ ，将几个图层链接在一起，如图4-34所示。执行"图层\对齐\顶边对齐"菜单命令，使各个矩形顶边对齐；执行"图层\分布\水平居中分布"菜单命令，使其水平居中分布，如图4-35所示。

（5）单击图层面板底部的"添加图层样式"按钮 *fx.*，选择投影选项，在弹出的图层样式对话框中分别勾选内投影、外发光、内发光、斜面和浮雕、等高线、光泽、颜色叠加和描边8个选项，参数设置如图4-36至图4-44所示，按钮效果如图4-45所示。

图4-34

图4-35

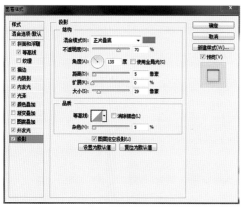

图4-36

图4-37

图4-38

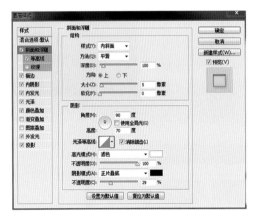

图4-40

图4-39

图4-41

图4-42

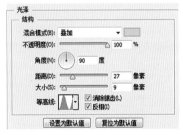

图4-43

图4-44

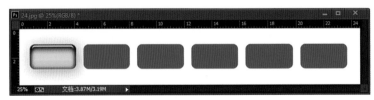

图4-45

（6）在图层面板中右击"图层一"，在弹出的菜单中单击"拷贝图层样式"命令，然后依次右击"图层1副本"，选择"粘贴图层样式"命令，在每一个剩下的图层中粘贴图层样式，效果如图4-46所示。

图4-46

（7）在图层面板中新建图层，在按钮上画出播放器按钮的图标，效果如图4-47所示。

图4-47

2.制作播放器界面

（1）打开"素材\任务四\播放界面设计素材.jpg"文件，如图4-48所示。

（2）打开"素材\任务四\风景.jpg"文件，按Ctrl＋A键全选，然后将"播放界面设计素材.jpg"置为当前文件，按Ctrl＋V键将风景图像粘贴到其中并调整大小和位置，如图4-49所示。

图4-48

图4-49

（3）将制作的按钮文件置为当前文件，按Ctrl键同时选择除背景层之外的所有图层。把鼠标移到图像中，按住Ctrl键移动按钮到"播放界面设计素材.jpg"中，调整到合适位置，最终效果如图4-30所示。执行"文件\存储为"菜单命令，将文件存储为"播放器界面设计.psd"。

练一练

操作题

1.使用选区工具和图层样式在树叶上制作晶莹水珠效果（提示：为了使水珠中的图像更真实，要使用"滤镜\扭曲\球面化"命令），素材图片如图4-50所示，效果如图4-51所示。

　　　图4-50　　　　　　　　　　　　　　　　图4-51

2.将图4-52和图4-53所示的两张素材图片"婴儿.jpg"和"荷花.jpg"，运用图层混合模式，制作出如图4-54所示的效果。

　　图4-52　　　　　　　　　　　　　　　　图4-53

　　图4-54

3.使用图层效果绘制出如图4-55所示的按钮效果。

图4-55

学习评价

学习要点	我的评分	小组评分	教师评分
会操作图层样式和图层混合模式完成图层效果的创建（60分）			
能调整图层样式中的参数，使图层图像达到预想的效果（20分）			
会与同学讨论协调，并能互相鼓励完成操作（20分）			
总　分			

>>>>>>>>> 学习任务五
通道和蒙版的应用

[学习目标] ①理解通道的概念,掌握对通道的编辑。
②理解蒙版的概念,运用蒙版创建图像效果。

[学习重点] ①通道在图像编辑中的作用。
②通过蒙版编辑图像的技巧。

[学习课时] 5课时。

一、通道

1.通道的概念

通道主要用于保存颜色数据选区的信息,利用颜色数据选区可以查看各种通道信息,还能对通道进行编辑,从而达到编辑图像的目的。

2.通道的分类

● 颜色信息通道:是在打开新图像时自动创建的。图像的颜色模式决定了所创建的颜色通道的数目。颜色信息通道包括单色通道和复合通道。

● Alpha 通道:将选区存储为灰度图像。可以添加Alpha通道来创建和存储蒙版,这些蒙版用于处理或保护图像的某些部分。

● 专色通道:用于专色油墨印刷的附加印版。

RGB颜色模式和CMYK颜色模式的图像通道原理如图5-1所示。

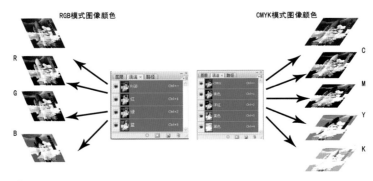

图5-1

友情提示

只要以支持图像颜色模式的格式存储文件，就会保留颜色通道。只有当以Photoshop、PDF、PICT、Pixar、TIF、PSB或RAW格式存储文件时，才会保留 Alpha 通道。DCS 2.0 格式只保留专色通道，以其他格式存储文件可能会导致通道信息丢失。

3．"通道"面板

利用"通道"面板可以完成创建、复制或删除通道等操作。例如，打开一幅采用RGB色彩模式的图像文件，其通道面板如图5-2所示。

通道各部分的作用：

● 👁 （显示/隐藏通道）图标：单击该图标可以使通道在显示或隐藏间切换。由于主通道是各原色组成，因此选中通道面板中的某个原色通道时，主通道将会自动隐藏。如果选择显示通道，由其组成的原色通道将自动显示。

图5-2

● 通道缩览图：👁 图标右侧的小图为通道览图，主要作用是显示当前通道的颜色信息。

● 通道名称：通道缩览图的右侧为通道名称，通过它能快速识别各种通道的颜色信息。各原色通道和主通道的名称是不能改动的，通道名称的右侧为切换该通道的快捷键。

● ◯ （加载选择区）按钮：将当前通道中颜色比较淡的部分当作选择区域加载到图像中，相当于按住Ctrl键单击该通道所得到的选择区域。

● ▣ （蒙版）按钮：将当前的选择区存储为通道，只有当前通道中有选择区域时，此按钮才可用。

● ▣ （新建）按钮：创建一个新的通道。

● ▣ （删除）按钮：将当前选择或编辑的通道删除。

4．通道的操作

（1）通道的新建主要有两种：Alpha通道和专色通道。

● Alpha通道的创建：在通道菜单中选取新通道命令，或按住键盘上的Alt键单击通道面板底部的 ▣ 按钮，在弹出的"新通道"对话框中设置相应的参数选项后，单击"好"按钮，便可创建出新的Alpha通道。

● 专色通道的创建：在通道菜单中选择新专色通道命令，或按住键盘上的Ctrl键单击通道面板底部的 ▣ 按钮，在弹出的"新专色"通道对话框中设置相应的参数选项后，单击"好"按钮，便可在通道面板中创建新的专色通道。

（2）通道的复制和删除：在"通道"面板中，除了利用 ▣ 按钮和 ▣ 按钮新建、删除通道外，还可以在"通道"菜单或者单击右键弹出的快捷菜单中选择"复制通道"和"删除通道"命令来进行操作。

二、通道的应用

通过设计制作书籍的封面来学习通道的应用，最终效果如图5-3所示。

（1）新建文件，宽度为21 cm，高度为29 cm，分辨率为300像素/英寸，颜色模式为RGB色彩模式，内容为白色，设置如图5-4所示。

（2）设置前景色为"C=100、M=95、Y=35、K=55"的深蓝色，按Alt+Backspace键填充前景色，如图5-5所示。

（3）打开素材文件"白云.jpg"，打开通道面板，右击红通道，在弹出的菜单中选择"复制通道"命令，再单击"确定"按钮，复制出红副本通道，如图5-6和图5-7所示。

图5-3

图5-4

图5-5

图5-6

图5-7

（4）在红副本通道为当前通道的情况下，执行"图像/调整/色阶"菜单命令，弹出色阶调整对话框，在其中选取设置白场吸管，如图5-8所示。单击白云的灰色区域，使白云为白色，天空为黑色，如图5-9所示。

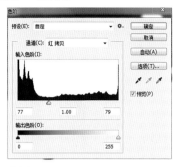

图5-8

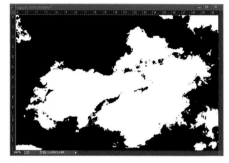

图5-9

（5）将背景色置为黑色，用橡皮工具擦掉多余的云朵，如图5-10所示。按住Ctrl键，用左键单击红副本通道，载入红副本通道的选区，按Ctrl+~键回到RGB复合通道，如图5-11所示。

图5-10

图5-11

（6）按Ctrl+C键复制云朵图像，将新建文件置为当前文件，按Ctrl+V键粘贴云朵图像到其中，如图5-12所示。按Ctrl+T键自由变换，缩放图像到合适的大小，再移动图像到合适的地方，如图5-13所示。

图5-12

图5-13

（7）打开素材文件"星球.jpg"，如图5-14所示，用移动工具  移动复制到新建文件中。按 Ctrl+T键自由变换，缩放图像到合适的大小，旋转180度，再移动图像到合适的地方。用软笔触 的橡皮工具 擦去图像下边多余的生硬的图像，使星球图像与背景图像融合，如图5-15所示。

图5-14

图5-15

（8）打开素材文件"火箭.jpg"，如图5-16所示，选择图像中的火箭，用移动工具 移动复 制到新建文件中，并调整大小，如图5-17所示。

图5-16

图5-17

（9）右击云朵所在图层，在弹出的菜单中选择"复制图层"命令，把复制出来的云朵图层移 动到火箭所在的图层上方，如图5-18所示，并在图层的混合模式中选择"强光"混合模式，效果 如图5-19所示。

图5-18

图5-19

（10）选择竖排文字工具**T**，在图像中输入文字"世界火箭发展史"，字号为"60"，字体为"超粗黑简体"，文字颜色为"C=45，M=100，Y=80，K=75"。单击"添加图层样式"按钮**fx.**，选择描边效果，设置如图5-20所示，最终效果如图5-3所示。

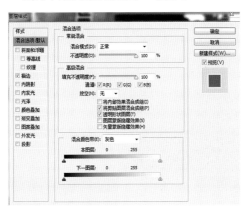

图5-20

三、Alpha通道与选区的转换

通过制作透明的浮雕文字学习Alpha通道的应用，最终效果如图5-21所示。

图5-21

（1）打开素材文件"风雪.jpg"，如图5-22所示。激活通道面板，单击底部的 图标，创建Alpha1通道。单击工具箱中的文字工具 **T.**，输入文字"风雪雪山景"，如图5-23所示。

图5-22

图5-23

（2）按Ctrl+D键取消选区，执行"滤镜/模糊/高斯模糊"菜单命令，在弹出的对话框中设置半径为2像素，如图5-24所示。

（3）执行"滤镜/风格化/浮雕效果"菜单命令，在弹出的对话框中设置高度为5像素，设置如图5-25所示，效果如图5-26所示。

（4）右击Alpha1通道，选择"复制通道"命令，在弹出的对话框中命名为"Alpha2"，如图5-27和图5-28所示。

图5-24

图5-25

图5-26

图5-27

图5-28

（5）Alpha2通道为当前通道，执行"图像/调整/反相"菜单命令，使画面色彩反相。执行"图像/调整/色阶"菜单命令，在弹出的对话框中选择设置黑场吸管，如图5-29所示，单击画面中的灰色区域，使画面的灰色成为黑色，如图5-30所示。

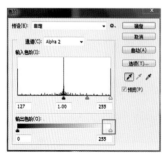

图5-29

图5-30

（6）设置Alpha1通道为当前通道，执行"图像/调整/色阶"菜单命令，在弹出的对话框中选择设置黑场吸管，单击画面中的灰色区域，使画面的灰色成为黑色，如图5-31所示。

（7）设置Alpha2通道为当前通道，单击底部的 ◯ 图标，将Alpha2通道转换为选区，按Ctrl+~键回到RGB通道。单击图层面板，设置背景图层为当前图层。执行"图像/调整/亮度/对比度"菜单命令，在弹出的对话框中设置亮度为-100，设置如图5-32所示，效果如图5-33所示。

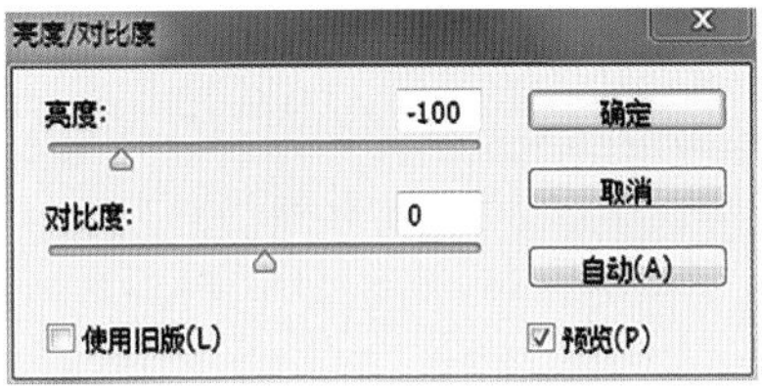

图5-31

图5-32

图5-33

（8）回到通道面板，设置Alpha1通道为当前通道，并将Alpha1通道转换为选区。按Ctrl+~键回到RGB通道。单击图层面板，设置背景图层为当前图层。执行"图像/调整/亮度/对比度"菜单命令，在弹出的对话框中设置亮度为+100，单击"确定"按钮。最后按下Ctrl+D键取消选区，设置如图5-34所示，最终效果如图5-21所示。

图5-34

知识链接

Alpha通道具有以下特点：
- 所有通道都是8位灰度图像，能够显示256级灰阶。
- 可以添加或删除。
- 可以指定每个通道名称、颜色、蒙版选项的不透明度（不透明度影响通道的预览，而不影响图像）。
- 所有新通道具有与原图像相同的尺寸和像素数目。
- 可以使用绘画工具在Alpha通道中编辑蒙版。
- 将选区存放在Alpha通道中，方便在同一图像或不同的图像中重复使用。

四、蒙版

1.蒙版的概念

蒙版和通道都是灰度图像,因此可以使用绘画工具、编辑工具和滤镜像编辑任何其他图像一样对它们进行编辑。在蒙版上用黑色绘制的区域将会受到保护;而蒙版上用白色绘制的区域是可编辑区域,蒙版信息存储在 Alpha 通道中,如图5-35所示。

图5-35

2.创建蒙版

创建蒙版的方法主要有以下4种:

● 利用工具箱中的任意一种选择区域工具在打开的图像中绘制选择区域,然后执行"图层/添加图层蒙版"菜单命令,即可得到一个图层蒙版。

● 在图像中具有选择区域的状态下,在图层面板中单击 ◘ 按钮可以为选择区域以外的图像部分添加蒙版。如果图像中没有选择区域,单击 ◘ 按钮可以为整个画面添加蒙版。

● 在图像中具有选择区域的状态下,在"通道"面板中单击 ◘ 按钮可以将选择区域保存在通道中,并产生一个具有蒙版性质的通道。如果图像中没有选择区域,在"通道"面板中单击 ◘ 按钮,新建一个"Alpha1"通道,然后利用绘图工具在新建的"Alpha1"通道中绘制白色,也会在通道上产生一个蒙版通道。

● 在工具箱中单击 ◘ 按钮会在图像中产生一个快速蒙版。

给图层中的图像添加了蒙版之后,图层蒙版中各图标的含义如图5-36所示。

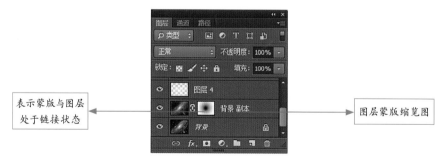

表示蒙版与图层处于链接状态 ◀————————————————————▶ 图层蒙版缩览图

图5-36

3.关闭、删除和应用蒙版

在图像文件中如果为某一层添加了蒙版后,菜单栏中的"添加图层蒙版"命令将变为"停用图层蒙版"命令和"移去图层蒙版"命令,当感觉效果不好或不需要时,可执行这些命令,将蒙版关闭或删除,如果满意可执行应用命令将其保留。

● 关闭蒙版:当在图像文件中添加了蒙版后,执行"图层/停用图层蒙版"菜单命令,在图层面板中添加的蒙版将出现红色的交叉符号,即可将蒙版关闭。此时"停用图层蒙版"命令变为"启用图层蒙版"命令,再次执行此命令,可启用蒙版。

● 删除蒙版:执行"图层/移去图层蒙版/扔掉"菜单命令,在图层中添加的蒙版将被删除,图像文件将还原为没有设置蒙版之前的效果。

●应用蒙版：当在图像文件中添加了蒙版后，执行"图层/移去图层蒙版/应用"菜单命令，可以应用蒙版保留图像当前的状态，同时图层面板中的蒙版被删除。

五、蒙版的应用

通过制作撕纸效果的图片学习蒙版的应用，最终效果如图5-37所示。

图5-37

（1）打开"素材\任务五\兰亭序.psd"文件，如图5-38所示，在工具箱中单击"快速蒙版"按钮，在文件中建立快速蒙版，如图5-39所示。

图5-38

图5-39

（2）在通道面板中将快速蒙版通道设为当前通道，将前景色设为黑色，激活画笔工具在图像的快速蒙版通道中画出黑色图像，效果如图5-40所示。

图5-40

（3）执行"滤镜/素描/撕边滤镜"菜单命令，设置图像平衡为25，平滑度为11，对比度17，单击"确定"按钮，如图5-41所示。

（4）执行"滤镜/模糊/高斯模糊滤镜"菜单命令，在打开的对话框中，设置半径为2像素，单击"确定"按钮，如图5-42所示。

（5）激活RGB通道，使快速蒙版通道和RGB通道共同显现，在图像中的暗红色部分就是被保护区域，如图5-43所示。

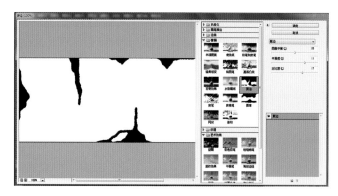

图5-41

图5-42

图5-43

　　（6）单击工具箱中的"以标准模式编辑"按钮，回到标准模式编辑状态，蒙版部分转换为选区，如图5-44所示。

图5-44

（7）执行"选择/反向"菜单命令（Ctrl+Shift+I键），反选选区。单击Del键删除选择区域的图像，如图5-45所示。

图5-45

（8）按Ctrl+D键取消选区。单击"添加图层样式"按钮 *fx*，选择投影效果。设置混合模式为正片叠底，不透明度为75%，角度为135度，其他参数设置如图5-46所示，最终效果如图5-37所示。

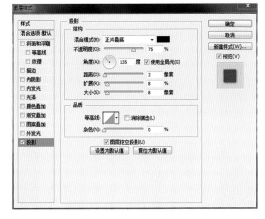

图5-46

练一练

一、填空题

1.图像的_____决定了所创建的颜色通道的数目，如CMYK色彩模式的图像包括_____通道、_____通道、_____通道、_____通道和_____通道。

2.Alpha 通道将选区存储为_____。可以添加 Alpha 通道来创建和存储蒙版，这些蒙版用于处理或保护图像的某些部分。

3.蒙版和通道都是_____，因此可以使用_____工具、_____工具和_____像编辑任何其他图像一样对它们进行编辑。

4.在蒙版上用_____色绘制的区域将会受到保护；而蒙版上用_____色绘制的区域是可编辑区域。蒙版存储在_____通道中。

二、操作题

1.打开如图5-47所示的素材图片"狮子.jpg",运用图层蒙版和径向模糊滤镜制作出如图5-48所示的爆炸效果。

图5-47

图5-48

2.打开如图5-49和图5-50所示的两张素材图片"花.jpg"和"仙子.jpg",使用图层蒙版制作出如图5-51所示的效果。

图5-49

图5-50

图5-51

学习评价

学习要点	我的评分	小组评分	教师评分
会操作图层蒙版和通道完成图像创意（60分）			
能通过设定滤镜参数突出图像表达主题（20分）			
会与同学讨论协调，并能互相鼓励完成操作（20分）			
总　分			

实 践 篇

SHIJIANPIAN >>>

[综　　述]

Photoshop在实际的工作领域和工作岗位上都被广泛应用，如下：

平面设计：是Photoshop应用最为广泛的领域。

广告摄影：广告摄影的最终成品往往要经过Photoshop的修改才能得到满意的效果。

影像创意：通过Photoshop的处理可以使图像发生面目全非的巨大变化。

文字处理：利用Photoshop可以使文字变得艺术化，为图像增加效果。

网页制作：Photoshop是制作网页必不可少的图像处理软件。

三维处理：利用Photoshop可以制作在三维软件中无法得到的合适材质。

婚纱处理：数码婚纱照片的处理也越来越多地使用Photoshop。

界面设计：当前还没有用于做界面设计的专业软件，绝大多数设计者都使用Photoshop。

此外，如目前的影视后期制作及二维动画制作等，Photoshop也有所应用。

本篇仍然是以Photoshop CC为版本，通过婚纱照制作、宣传品设计、包装设计、网店装修4个具体的任务来讲解其在具体工作中的典型运用，从而使学生更加容易掌握相应的操作技能。

[培养目标]

①学会使用Photoshop处理图像。

②学会使用Photoshop完成平面宣传品设计。

③学会使用Photoshop完成包装设计、制作。

④学会使用Photoshop完成电子商务网店装修和网页设计。

>>>>>>>>> 学习任务六
婚纱照制作

[学习目标] ①学会透明婚纱抠图技术。
②会选择属性"调整边缘"的应用。
③学会调色技术。

[学习重点] ①透明婚纱抠图技术。
②选区"调整边缘"应用。
③调色技术。

[学习课时] 4课时。

　　薄薄的婚纱如丝如柔,浪漫神圣,本任务将带着你把透明的婚纱抠出与外景合成,制作出一个有主题有艺术味道的户外婚纱照片。

试一试

制作透明婚纱抠图与合成图。

一、透明婚纱抠图

　　透明婚纱抠图后与外景的合成效果展示如图6-1所示。

图6-1

　　(1)打开本书配套资料"素材\任务六\婚纱.jpg"图片,选中背景层,按Ctrl+J键复制一个新的图层,软件自动命名为图层,图示窗口和图层面板如图6-2所示。

图6-2

（2）对"图层1"进行滤色，执行"图像/自动色调"（快捷键Shift+Ctrl+L）命令，再执行"编辑/渐隐自动色调（快捷键：Shift+Ctrl+F）"命令，并设置渐隐值为56%，如图6-3所示。

图6-3

（3）对"图层1"复制两层，分别是"图层1拷贝"和"图层1拷贝2"。

（4）打开"素材\任务六\背景.jpg文件"，按Ctrl+A全选，再按Ctrl+C复制。返回"婚纱"文件窗口，按Ctrl+V将背景复制到此文件窗口中，此时自动生成"图层2"，如图6-4所示。

图6-4

（5）将"图层2"调整到"图层1"的下面，如图6-5所示。

（6）隐藏"图层1"的两个拷贝图层，选中"图层1"，并框选"图层1"中的透明婚纱，如图6-6所示。

只选透明婚纱，不要选人物、头发。

图6-5

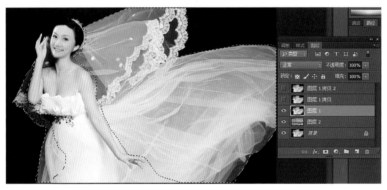

图6-6

（7）单击选择工具属性栏中的 ▢调整边缘… 按扭，出现如图6-7所示的屏幕。

图6-7

（8）设置调整边缘的视图模式为"白底"，在图像上涂沫白色的婚纱，并设置输出到的选项为"新建带有图层蒙版的图层"，如图6-8所示。

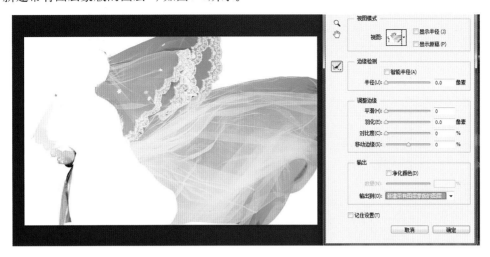

图6-8

（9）单击"确定"按扭，软件自动隐藏"图层1"，并自动新建一个带有蒙版的"图层1拷贝3"图层，如图6-9所示。

图6-9

（10）显示"图层1拷贝"层，在此图层上选中头发，并进行调整边缘效果，设置调整边缘的视图模式为"黑底"，在图像上涂沫头发，并设置"新建带有蒙版的图层"输出选项，如图6-10所示。

友情提示

在婚纱上涂沫次数的多少，决定婚纱的透明程度大小。

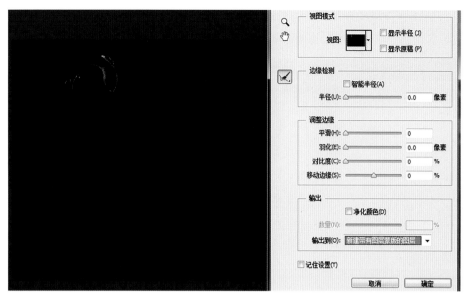

图6-10

（11）单击"确定"按钮后，效果如图6-11所示。

图6-11

（12）给"图层1拷贝2"层添加图层蒙版，设置黑色为前景色，用画笔把原来的背景擦掉即可看到新的背景，如图6-12所示。

> **友情提示**
>
> 本例是利用选择工具的"调整边缘"命令，利用高光来抠图完成的，也可以利用图层模式技术，抠出婚纱后修改图层模式为"滤色"，但没有此实例真实，如操作到本实例的（6），将婚纱单独抠出作为一个图层后，修改该图层的图层模式为"滤色"，则婚纱效果如图6-13所示。

图6-12

图6-13

想一想

利用图层模式和高光抠图的区别在哪里？哪一个更贴近生活呢？

二、"蝶语"主题婚纱制作

"蝶语"主题婚纱的效果展示如图6-14所示。

试一试

制作"蝶语"主题婚纱。

图6-14

1.制作背景

（1）新建文件，参数设置如图6-15所示，然后按"确定"按扭，则新建一个"蝴蝶天使.psd"文件。

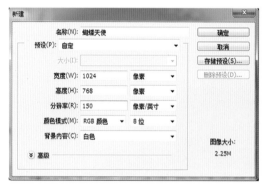

图6-15

（2）打开"素材\任务六\油菜花.jpg"图片，按Ctrl+A全选，按Ctrl+C复制，返回"蝴蝶天使"文件中，并调整其大小，使之布满整个画面，如图6-16所示。

图6-16

（3）选中"图层1"，用钢笔工具画一个如图6-17所示的路径。

图6-17

（4）单击鼠标右键，选择"建立选区"命令，设置羽化半径为10，如图6-18所示。

图6-18

（5）单击"确定"按钮后，按Ctrl+J键将选区内容复制为一个新"图层2"，隐藏"图层1"，效果如图6-19所示。

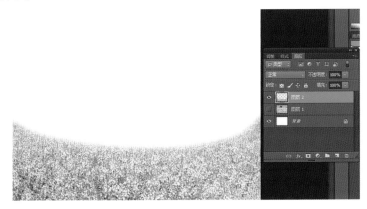

图6-19

（6）选中"图层2"，按两次Ctrl+J键将其复制两个新图层，并调整图像中相应内容的位置，如图6-20所示。

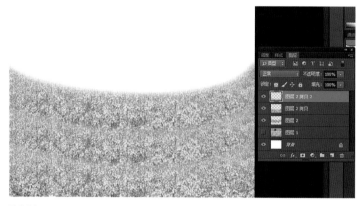

图6-20

2.调背景色

（1）利用"色相/饱和度"制作紫色菜花。选中"图层2"，执行"图像/调整/色相/饱和度（快捷键：Ctrl+U）"菜单命令，参数设置和效果如图6-21所示。

图6-21

（2）利用"色彩平衡"调制嫩黄油菜花。选中"图层2拷贝1"图层，执行"图像/调整/色彩平衡（快捷键：Ctrl+B）"菜单命令，调出"色彩平衡对话框"，参数设置如图6-22所示，然后单击"确定"按钮。

图6-22

（3）利用"曲线"调深油菜花。选中"图层2拷贝2"图层，执行"图像/调整/曲线（快捷键：Ctrl+M）"菜单命令，调出"曲线"，参数设置如图6-23所示。

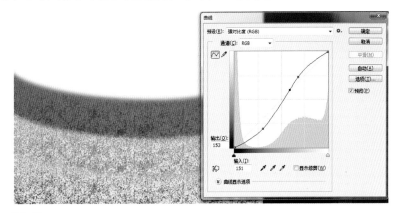

图6-23

（4）选中"图层1"，将"图层1"用蓝白色从上到下填充，效果如图6-24所示。

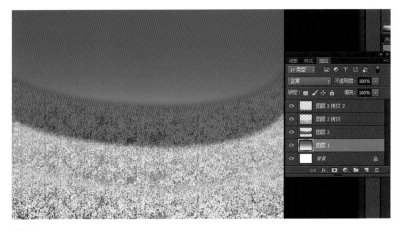

图6-24

3.制作主角

（1）加入婚纱图片。将透明婚纱抠出后的透明图插入到图像中，并将其放到"图层2"和"图层2拷贝1"图层之间，如图6-25所示。

图6-25

（2）给婚纱添加图层蒙版，放射形填充蒙版，并用画笔工具将蒙版涂沫成如图6-26所示效果。

图6-26

4.制作配角

（1）加入蝴蝶。将"素材\任务六\蝴蝶.jpg"文件打开，选择左上角的几只蝴蝶，如图6-27所示，并将其拖入蝴蝶天使文件中，效果如图6-28所示。

图6-27

图6-28

（2）美化蝴蝶。去掉蝴蝶图层的白色底纹，并将该图层变换成与婚纱一样的角度，最后将蝴蝶图层的透明度改为44%，如图6-29所示。

图6-29

可以更改婚纱相片图层的透明度，使婚纱女孩与花更完美融合，效果更好。

（3）保存文件，此时，"蝶语"主题婚纱即已制作完毕。

知识链接

Photoshop CC 常用的调色命令

1.色彩平衡

色彩平衡是调色中最简单的方法，在色彩平衡面板里可以在青—红、洋红—绿、黄—蓝之间拉动色彩关系来调色，只需注意针对高亮、中亮和低亮3个不同部分分别调色。

2.色相/饱和度

色相/饱和度是调色中较为复杂的调色命令，可以色轮为轴同时调整所有色相和饱和度，还可以针对六大色系分别调整色相和饱和度；可以用加吸管或减吸管精确指定要调整的色相，还可以指定取样范围和方式；可以简单通过灰吸管实现灰平衡；可以存储调色方案以备再用；可以给黑白图像着色。

3.曲线

曲线是最为复杂的一种调色命令，简单地说，曲线几乎可以完全替代各种调色命令，但由于使用太过于专业和复杂，因此在调色时人们往往利用"色彩平衡"和"色相/饱和度"来实现常规的简单调色。

练一练

如图6-30所示,将下面的婚纱调成至少3种颜色。

原图

颜色1

颜色2

颜色3

图6-30

学习评价

学习要点	我的评分	小组评分	教师评分
我会抠出透明婚纱(30分)			
我能用3种方法调色(30分)			
我能制作蝶语主题婚纱相片(40分)			
总　分			

学习任务七
宣传品设计

[学习目标] ①学会DM单的制作方法。
②学会招贴的制作方法。

[学习重点] ①掌握DM单、招贴的制作技巧。
②学会调整画面中各元素的位置和大小，让画面协调、生动。
③学会宣传品色彩的搭配。

[学习课时] 4课时。

宣传品是使用广告手段，在宣传活动中用于传播企业、产品、活动内容的介质。宣传品的种类很多，如宣传单、宣传册、宣传片、请柬、纪念册、节目单、DM单、海报（招贴）、签到册、指示牌、吉祥物、标志、宣传礼品等。宣传品能够强化主体，烘托气氛，体现文化内涵，使整个活动给人留下更深刻的印象。它能把企业的精神传递给每一个消费者，让消费者记住这个企业品牌，从而产生信任及购买行为。

本学习任务将以DM单、招贴的制作作为代表，来学习宣传品的制作方法与技巧。

一、DM单制作

DM是英文direct mail advertising的简写，直译为"直接邮寄广告"，即通过邮寄、赠送等形式，将宣传品送到消费者手中、家里或公司所在地。亦有将其表述为direct magazine advertising（直投杂志广告）。

"新店酬宾"DM单的效果展示如图7-1所示。

图7-1

1.新建图像文件

执行"文件\新建"命令，参数设置如图7-2所示。

图7-2

2.制作DM单背景

（1）设置背景颜色为黄色（R:245,G:189,B:52），按下快捷键Ctrl+Delete填充背景色，如图7-3所示。

图7-3

（2）新建一个图层，利用渐变工具设置渐变颜色，选择预设里的第二个"前景色到透明渐变"，如图7-4所示。改变第一个色标颜色（R:240,G:163,B:32），第二个色标颜色为透明，如图7-5所示。

图7-4

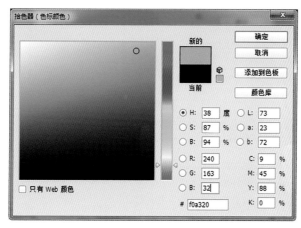

图7-5

（3）用渐变工具从工作区左方到中央、从右方到中央各拖一次，效果如图7-6所示。

图7-6

友情提示

将背景左右的颜色设置得更浓一些。

3.制作大圆

（1）将前景色设置为白色，利用椭圆工具 ⬭ ，按住Shift键绘制一个大圆，设置宽为720像素，高为720像素，效果如图7-7所示。

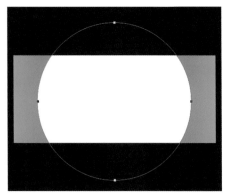

图7-7

（2）设置其图层样式，选择图层面板上的"fx"按钮，设置参数。投影为混合模式，颜色为R：70，G：44，B：0，角度为90度，大小为25像素，如图7-8所示。

（3）复制"椭圆1"图层，利用Ctrl+T，将圆形缩小，参数设置如图7-9所示。

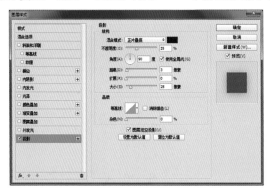

图7-8

图7-9

（4）设置"椭圆1拷贝"图层的图层样式，选择图层面板上的"fx"按钮，设置参数。颜色叠加为棕色（R:136,G:94,B:12），如图7-10所示。在图层混合模式中，去掉投影效果，如图7-11所示。

（5）复制"椭圆1拷贝"图层，利用Ctrl+T，将圆形缩小，参数设置如图7-12所示。

图7-10

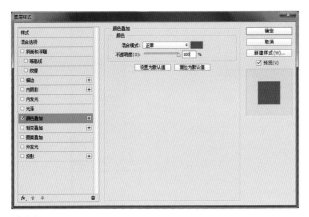

图7-11

图7-12

（6）设置"椭圆1拷贝2"图层的图层样式，选择图层面板上的"fx"按钮，设置参数。在图层混合模式中，去掉颜色叠加效果；渐变叠加（亮红：R:235,G:67,B:40→深红：R:145,G:21,B:14）如图7-13、图7-14所示；在图层混合模式中，增加投影效果，如图7-15所示。

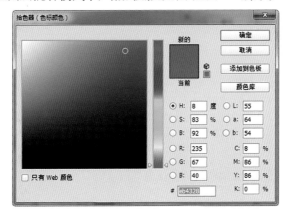

图7-13

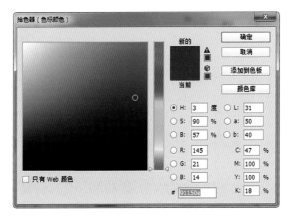

图7-14

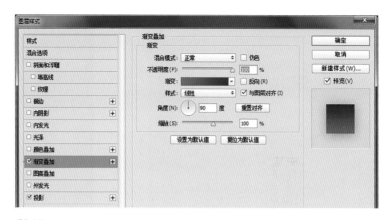

图7-15

4.制作小圆

（1）新建图层，命名为"小圆"，选择圆形选区工具，按住Shift键画出一个小的圆形选区，填充为黄色（R:253,G:238,B:31），如图7-16所示。效果如图7-17所示。

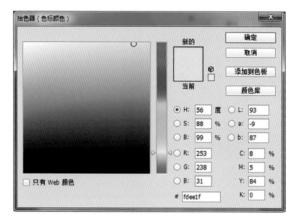

图7-16

图7-17

（2）复制"小圆"图层，填充圆形选区为白色，再利用Ctrl+T，将圆形缩小，使两个小圆的圆心对齐，效果如图7-18所示。

（3）同时复制"小圆"图层和"小圆拷贝"图层，得到"小圆拷贝2"和"小圆拷贝3"图层，同时移动两个复制的图层位置，效果如图7-19所示。

图7-18

图7-19

（4）打开"素材\任务七\包包1.jpg"文件，将其放到"小圆拷贝"图层的上一图层，如图7-20所示。

（5）在"图层2"上，单击鼠标右键，选择"创建剪贴蒙版"命令，如图7-21所示。再移动"包包1.jpg"图片，并使用Ctrl+T缩小"包包1.jpg"图片，在白色小圆处露出红色包包，如图7-22所示。

图7-20

图7-21

图7-22

（6）用同样的方式，将"包包2.jpg"放置到"小圆拷贝3"图层的上一图层，并对"包包2.jpg"设置剪贴蒙版，效果如图7-23所示。

图7-23

5.创建立体文字

（1）利用文字工具，录入文字"新店酬宾"，并设置其字体，如图7-24所示。

（2）设置"新店酬宾"图层的图层样式和参数。渐变叠加为深黄（R：255，G：168，B：0）→浅黄（R：242，G：253，B：187）的渐变，如图7-25所示。投影为棕红色（R：69，G：5，B：0），角度为90度，距离为4，大小为4，如图7-26所示。

图7-24

图7-25

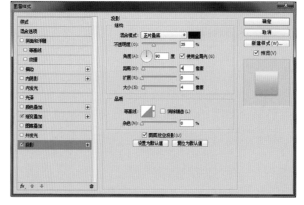

图7-26

6.创建银色闪亮立体字

（1）利用文字工具，录入文字"满300赠送50元产品"，并设置其字体，如图7-27所示。

（2）设置"满300赠送50元产品"图层的图层样式和参数。渐变叠加为浅灰（R:234,G:234,B:234）→灰色（R:196,G:192,B:189）→浅灰（R:234,G:234,B:234），渐变类型为径向，如图7-28所示。投影为棕红色（R:69,G:5,B:0），角度为90度，距离为4，大小为4，效果如图7-29所示。

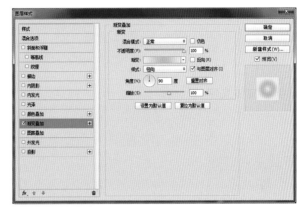

图7-27　　　　　　　　　　　　　　图7-28

图7-29

（3）打开"素材\任务七\星光.jpg"文件，放置到"满300赠送50元产品"的上一图层，使用快捷键Ctrl+T调节其方向，效果如图7-30所示。

图7-30

7.创建其他文字

（1）录入文字"—赠品在购物车付款时领取—"，设置字体为黑体，字号为30号，文字颜色为黄色。

（2）录入文字"活动时间：9.10—9.17"，设置字体为黑体，字号为26号，文字颜色为黄色。

（3）录入文字"注：其他促销活动与本满赠活动不同时共享"，设置字体为黑体，字号为18号，文字颜色为黄色，效果如图7-31所示。

图7-31

（4）录入文字"送"，设置其字体为黑体，字号为30号，加粗，文字颜色为红色，放置到右下角。

（5）新建一个图层，命名为"底纹"，选择"自定义形状"工具，调整属性"像素"，选择"星爆"形状，设置前景色为淡黄色，绘制一个星爆图形，再将"底纹"图层移动到"送"图层之下，如图7-32所示。

图7-32

8.添加装饰

（1）打开"素材\任务七\钱包.jpg"文件，放置到"送"的上一图层，使用快捷键Ctrl+T调节其大小和方向，设置图层样式，设置外发光，大小为3，效果如图7-33所示。

图7-33

（2）打开"素材\任务七\星星.jpg"文件，利用快捷键Ctrl+T调节大小，并在图层面板上设置其不透明度为85%，如图7-34所示。

（3）复制"图层4"，移动"星星.jpg"图片到如图7-35所示位置。

图7-34

图7-35

9.保存文件

将文件进行保存，命名为"新店酬宾.psd"。此时，"新店酬宾"DM单即已完成。

在上面的实例中，我们运用了什么方式在白色小圆中显示包包图片？请大家把运用的方法填写在下面的横线上。

_____

_____

知识链接

1.DM单的特点

（1）针对性。DM广告直接将广告信息传递给真正的受众，具有强烈的选择性和针对性。

（2）广告持续时间长。DM广告可以反复翻阅直邮广告信息，并以此作为参照物来详尽了解产品的各项性能指标，直到最后作出购买或舍弃决定。

（3）较强的灵活性。DM广告主可以根据自身具体情况来选择版面大小，并自行确定广告信息的长短及选择全色或单色的印刷形式。

（4）良好的广告效应。DM广告主可以参照人口统计因素和地理区域因素选择受传对象，以保证最大限度地使广告信息为受传对象所接受。同时，受传者在收到DM广告后，会迫不及待地了解其中内容，不受外界干扰而移心他顾。

（5）可测定性。DM广告主可以借助产品销售数量的增减变化情况及变化幅度，了解广告信息传出之后产生的效果。

（6）隐蔽性。DM广告不易引起竞争对手的察觉和重视。

（7）目标对象的选定及到达。目标对象选择欠妥，势必使DM广告效果大打折扣，甚至失效。没有可靠有效的MailingList，DM广告只能变成一堆乱寄的废纸。

（8）DM广告的创意、设计及制作。DM广告只能以自身的优势和良好的创意、设计，印刷及诚实、该谐、幽默等富有吸引力的语言来吸引目标对象。

2.DM单的尺寸

通常16开的尺寸为210 mm×285 mm，8开的尺寸为420 mm×285 mm，非标准的尺寸可能会造成纸张的浪费。

3.DM单的应用范围

宣传单张、折页、酒店菜单、优惠券等。

二、招贴制作

招贴，最早指的是大木板或车辆上的印刷广告，或以其他方式展示的印刷广告，它是户外广告的主要形式，也是最古老的广告形式之一。中文名称"招贴"二字按其字义解释，"招"是招引注意，"贴"是张贴，即"为招引注意而进行张贴"。

"公主表"招贴的效果展示如图7-36所示。

图7-36

（1）执行"文件\新建"菜单命令，打开"新建"对话框，参数设置如图7-37所示。

（2）打开"素材\任务七\bg2.jpg"文件，将"bg2.jpg"图片拖放入新建文件中，调整位置，如图7-38所示。

图7-37

图7-38

（3）打开"素材\任务七\手表.png"文件，将"手表.png"图片拖放到"图层1"的上一图层，调整其大小和位置，设置其图层样式fx为外发光，如图7-39、图7-40所示。

图7-39

图7-40

（4）打开"素材\任务七\公主.png"文件，将"手表.png"图片拖放到手表图层的上一图层，如图7-41所示。使用Ctrl+T，将图片缩小，并放置到合适的位置，效果如图7-42所示。

图7-41

图7-42

（5）添加顶部文字和横线。

①利用文本工具录入文字"FASHION NEW"，参数设置如图7-43所示。

②添加横线。新建图层，命名为"横线"，利用画笔工具，设置参数。画笔颜色为 R:245,G:60,B:151，如图7-44所示。按住Shift键，绘制文字左边的横线，复制"横线"图层，将复制的横线放到文字右侧，效果如图7-45所示。

（6）打开"素材\任务七\公主表.png"文件，将"手表.png"图片拖放到"横线拷贝"图层的上一图层，如图7-46所示。调节其位置和大小，效果如图7-47所示。

图7-43

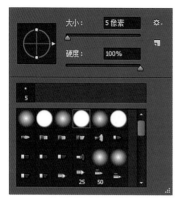

图7-44

图7-45

图7-46

图7-47

（7）添加水钻系列标志。

①新建一个图层，命名为"底纹"，用矩形选框工具 ▣ 绘制一个矩形选框，设置渐变工具的渐变颜色（浅红→紫色→浅红），用渐变工具从左往右拖动，为矩形选框填充渐变颜色，参数设置如图7-48至图7-51所示。

图7-48

图7-49

图7-50

图7-51

②利用文字工具，录入文字"Hello Kitty水钻系列"，设置字体为黑体，字号为24号，加粗，文字颜色为白色。"水钻"两字的字号为30号。效果如图7-52所示。

（8）制作弧形。

①利用钢笔工具描一个点，再描一个点拖动成向上的弧形，再描一个点，再拖动为向下的弧形，继续描点，回到第一个描点，效果如图7-53所示。

②新建一个图层，命名为"弧形"，在"路径"面板中，点击鼠标右键，选择"建立选区"命令，给选区填充白色，效果如图7-54所示。

图7-52

图7-53

图7-54

③复制"弧形"图层，按住Ctrl键，选取"弧形拷贝"图层的内容，填充为淡玫红色（R:245，G:60，B:151），再将"弧形拷贝"图层向下移动一些，效果如图7-55所示。

（9）添加Kitty猫图片。打开"素材\任务七\kitty.png"文件，将"kitty.png"图片拖放入新建文件中，调节其大小和位置，效果如图7-56所示。

图7-55

图7-56

（10）添加底部文字。

①利用文本工具录入文字"国际顶级大牌"，设置字体为黑体，字号为30号，加粗，左右间距为50。

②利用文本工具录入文字"Hello Kitty"，设置字体为黑体，字号为30号，加粗，左右间距为0。

（11）保存文件。将文件进行保存，命名为"公主表.psd"。此时，"公主表"招贴即已完成。

知识链接

1.招贴的功能

招贴设计是信息传达的艺术，在完成其传达信息的过程中，要注重其艺术性的表达。招贴的功能可以概括为以下4个方面。

（1）传达信息，树立观念。传达信息是招贴的最基本、最重要的功能，同时也是其他几个功能得以发挥的基础和前提。商业招贴对其企业的理念进行介绍，以求与其他企业或商品有所区别；公益类型的招贴，多是传达某种社会道德理念，以其树立正确的价值观和人生观。

（2）塑造形象，利于竞争。广告招贴可以通过夸张或趣味性的表现手法来吸引消费者的眼球，对消费者进行即时的提示、引导、说服，唤起人们对传播内容的兴趣，刺激消费者的购买，或者树立企业在消费者心目中的形象，提高市场竞争力。

（3）视觉诱导，艺术价值。招贴设计利用一切设计手段所创造的富有感染力的招贴形象，给广大受众留下鲜明的艺术感受，有效地激发消费者的兴趣和欲望。

（4）审美作用，传播文化。招贴设计所表现出来的艺术价值具有很高的审美价值。招贴是介于纯艺术和实用艺术之间的桥梁，是直接为实用功能服务的一种艺术形式。

2.招贴的分类

（1）按招贴设计的内容来分，可分为商业招贴和公益招贴。

•商业招贴：是招贴设计的主要方向，是指以盈利为目的，传达商业信息，传播企业文化，从而进行促销或者树立品牌形象的招贴。

•社会公共类招贴：包括公益招贴、文化娱乐招贴、政治宣传招贴、体育类招贴、节日活动招贴。

（2）按表现形式来分，可分为单幅招贴、系列招贴、组合招贴。

•单幅招贴：内容和形式都完整独立的招贴，可以单张独立张贴使用，能完整地传递信息。

•系列招贴：两幅或者两幅以上的，相互关联且表现手法和风格一致的招贴，具有整体的视觉冲击力，通过不断地重复来加强表现的力度，从而给人们留下深刻的印象。

•组合招贴：由多幅内容相对独立的单幅招贴拼合成更大幅面的招贴形式。各单幅招贴可以独立地传达信息，也可以组合在一起传达信息。

练一练

1. 完成图7-57所示DM单的制作。

2. 利用钢笔工具和其他工具完成图7-58所示招贴的制作。

图7-57

图7-58

学习评价

学习要点	我的评分	小组评分	教师评分
会使用PS软件制作DM单（30分）			
会使用PS软件制作招贴（30分）			
能调整画面中各元素的位置和大小，让画面协调、生动（20分）			
会与同学讨论协调，并能鼓励同学完成操作（20分）			
总　分			

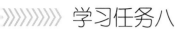

学习任务八
包装设计

[学习目标] ①熟练掌握参考线的辅助设计功能。
②掌握包装平面展开图和效果图的制作方法。
③了解Photoshop CC的3D功能。

[学习重点] 包装平面展开图和效果图的制作方法。

[学习课时] 6课时。

　　包装是品牌理念、产品特性、消费心理的综合反映，它直接影响到消费者的购买欲。包装的功能是保护商品、传达商品信息，以促进销售，提高产品附加值。包装具有商品和艺术相结合的双重性，所以包装设计要求我们突出品牌，将色彩、文字和图形组成具有一定冲击力的视觉形象，从而将产品信息快速、清晰、准确地传递给消费者。

　　本学习任务将通过使用参考线、文本工具等知识完成包装平面展开图的制作，通过使用变换工具来完成包装的立体效果图的制作，了解使用Photoshop CC中的3D功能完成包装效果图的制作。

一、制作包装平面展开图

　　玉岷枫颗粒包装平面展开图的效果展示如图8-1所示。

1.需求分析

　　包装盒长为18 cm，宽为8 cm，高为19 cm。

2.新建图像文件

　　颜色模式为CMYK模式，大小为55 cm×41 cm，分辨率为300像素/英寸。

图8-1

3.创建平面展开图轮廓图

（1）执行"视图/新建参考线"菜单命令,打开"新建参考线"对话框,如图8-2所示。

（2）使用"新建参考线"分别创建3 cm、11 cm、30 cm、38 cm的水平参考线和8 cm、26 cm、34 cm、52 cm的垂直参考线,如图8-3所示。

图8-2

图8-3

（3）新建"图层1",重命名为"框架"。在工具栏中选择选框工具中的单行选框工具,按住Shift键不放,分别在4个水平参考线上单击鼠标左键,然后选择单列选框工具,加选4个垂直参考线上的选区。

（4）执行"编辑/描边"菜单命令,打开"描边"对话框,设置宽度为1像素,颜色为深灰色,如图8-4所示。

（5）此时,得到如图8-5所示图形。

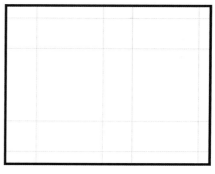

图8-4

图8-5

（6）选择矩形选框工具,框选多余线条,然后按Delete键删除,得到平面展开图的轮廓图,如图8-6所示。

（7）执行"视图/清除参考线"菜单命令。

4.创建包装正面图形

（1）执行"视图/新建参考线",分别创建12 cm、26.5 cm的水平参考线和9 cm、25 cm的垂直参考线,如图8-7所示。

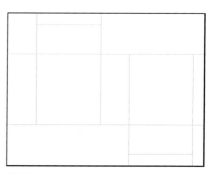

图8-6

（2）新建图层，命名为"底纹1"，使用"矩形选框"工具，创建矩形选区，填充颜色CMYK值为"75，15，100，0"，如图8-8所示。

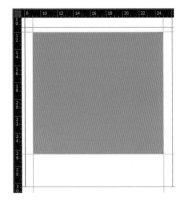

图8-7 　　　　　　　　　　　　　　　图8-8

（3）新建图层，命名为"底纹2"。创建15.5 cm、20 cm的水平参考线。使用矩形选框工具，创建矩形选区，填充颜色CMYK值为"90，50，100，13"，如图8-9所示。

（4）新建图层，命名为"底纹3"，创建27 cm的水平参考线。使用矩形选框工具，创建约1 cm高的矩形选框，填充颜色CMYK值为"75，15，100，0"。然后在下方导入"素材\任务八\logo.png"，调整素材的大小和位置，如图8-10所示。

（5）添加品牌名文本。选择横排文字工具，输入"西岷堂"，设置文本格式，字体为叶根友毛笔行书，大小为48点，行距为18点，字距为–25，字体颜色为白色。

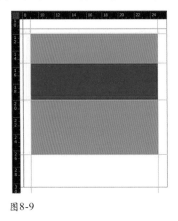

图8-9 　　　　　　　　　　　　　　　图8-10

（6）添加产品文本。选择横排文字工具，输入"玉岷枫颗粒"，设置文本格式字体为华文中宋，大小为90点，行距为18点，字距为–75。输入"YUMINFENG　KELI"，设置文本格式，字体为Candara，大小为30点，行距为18点，字距为0，效果如图8-11所示。

（7）添加产品效果文字，输入横排文本"主治：体虚 自汗 易感风邪"，设置文本格式，字体为微软雅黑，大小为60点，行距为72点，字距为0，字体颜色CMYK值为"44，0，60，0"。

（8）新建图层，命名为"底纹4"。使用矩形选框工具，绘制矩形选区，填充颜色CMYK值为"44，0，60，0"。添加文本"无糖"，设置文本颜色CMYK值为"75，15，100，0"，大小为36点。添加文本"每盒6袋"，大小为30点，字体颜色CMYK值为"44，0，60，0"，效果如图8-12所示。

图8-11

图8-12

（9）添加其他符号图形及文本，效果如图8-13所示。

（10）图层管理。单击图层面板下方"创建组"按钮，得到"组1"。将"组1"重命名为"正面"。选择包装正面的所有图层，然后将其拖拽放置到"正面"组中，图层面板如图8-14所示。

图8-13

图8-14

5.创建包装顶面

（1）选择"正面"组，右击，选择"复制组"，得到"正面拷贝"。右击"正面拷贝"，选择"合并组"，此时得到一个图层"正面拷贝"，如图8-15所示，将其重命名为"顶面"。

（2）使用移动工具，将顶面图像移动到合适位置，执行"编辑/变换/垂直翻转"菜单命令，再次执行"编辑/变换/水平翻转"菜单命令。然后使用矩形选框工具，框选多余部分，按Delete键删除，得到顶面图像，如图8-16所示。

图8-15

图8-16

6.创建包装侧面

（1）选择"正面"组，右键单击，选择"复制组"，得到"正面拷贝"。右击"正面拷贝"，选择"合并组"，此时得到"正面拷贝"图层，然后将其重命名为"侧面（上）"。

（2）执行"视图/新建参考线"，创建0.5、7.5 cm的垂直参考线。使用移动工具，将"侧面（上）"图层移动到合适位置。然后使用"矩形选框"工具，框选不需要的部分，按Delete键删除。使用快捷键Ctrl+T调整图像大小，得到侧面上部图像，如图8-17所示。

（3）单击图层面板的"创建新组"按钮，创建组，然后将其重命名为"侧面"，将图层"侧面(上)"移至其中。然后在"侧面"组中，创建"说明"组，包含底纹层、标题文字、说明文字3个图层，图层结构如图8-18所示。

图8-17

图8-18

（4）其中，底纹颜色CMYK值为"75，15，100，0"；标题文本格式为楷体、白色、18点；说明文本格式为楷体、黑色、18点。效果如图8-19所示。

（5）右击"侧面"组，选择"复制组"，得到"侧面拷贝"组，修改相应的说明文本，效果如图8-20所示。

图8-19

图8-20

7.创建背面图像

复制"正面"组,将其移动到图像右侧。

8.创建底面文本

添加横排文本"产品批号、生产日期、有效期至",设置文本格式为宋体、18点,行距36点,字距25点。此时,玉岷枫颗粒包装平面展开图已完成。

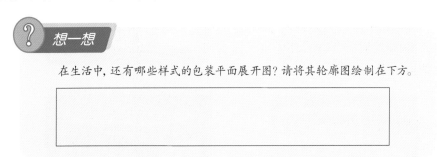

在生活中,还有哪些样式的包装平面展开图?请将其轮廓图绘制在下方。

二、制作包装立体效果图

玉岷枫包装立体效果图的效果展示如图8-21所示。

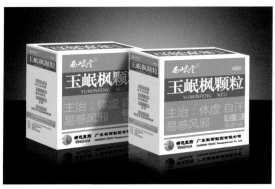

图8-21

1.制作立体效果图

(1)新建图像文件,颜色为CMYKY模式,大小为20 cm×15 cm,分辨率300像素/英寸。

(2)打开"素材\任务八\bj.jpg",将图片设置为背景层。

(3)打开"素材\任务八\玉岷枫展开图.jpg",导入到图像中。

(4)使用矩形选框工具,选择包装的正面。使用快捷键Ctrl+J将选区复制到新图层,将新图层重命名为"正面"。同理,创建"侧面""顶面"图层。删除"玉岷枫展开图"图层,效果如图8-22所示。

(5)选择"正面、侧面、顶面"图层,分别执行"编辑/变换/斜切"菜单命令,变换图形制作立体效果,如图8-23所示。最终效果如图8-24所示。

图8-22

图8-23

图8-24

2.制作立体增强效果

选择侧面图层，执行"图像/调整/曝光度"菜单命令，打开"曝光度"对话框，设置"曝光度"参数为–0.8，如图8-25所示。效果如图8-26所示。

图8-25

图8-26

3.制作投影效果

（1）在图层面板，右键单击"正面"图层，选择"复制图层"。选择"正面拷贝"层，执行"编辑/变换/垂直翻转"，然后执行"编辑/变换/斜切"，如图8-27所示。

（2）选择套锁工具![套锁工具]，在属性栏中，设置羽化为50像素，如图8-28所示。

图8-27

图8-28

（3）根据投影效果，选择该图层下方的图像，按
Delete键删除，效果如图8-29所示。

（4）在图层面板中，将"正面拷贝"图层的"不透明
度"设置为30%，如图8-30所示。效果如图8-31所示。

（5）同理，制作侧面投影，如图8-32所示。效果如图
8-33所示。

图8-29

图8-30

图8-31

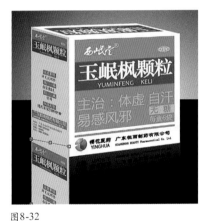

图8-32

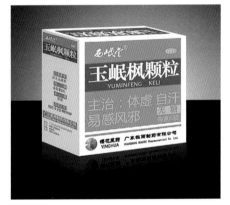

图8-33

4.拷贝立体效果图

（1）在图层面板中，单击"创建新组"按钮█，重命名为"组1"。选中所有"正面、侧面、顶
面"及两个"投影"图层，将其拖曳到"组1"中。右击"组1"，选择"复制组"，打开"复制组"对
话框，将复制的组命名为"组2"，如图8-34所示，然后单击"确定"按钮。

（2）使用移动工具，将"组1"和"组2"的位置错开，效果如图8-35所示。

图8-34

图8-35

5.创建阴影效果

（1）在"组1"和"组2"之间新建一个图层，重命名为"阴影层"，如图8-36所示。

图8-36

（2）使用钢笔工具中的"路径"绘制阴影区域。绘制完成后，右击，选择"转换为选区"，打开"建立选区"对话框，设置羽化半径为20像素，如图8-37所示。

（3）设置前景色为黑色，然后选择渐变工具，在属性栏中单击"可编辑渐变"。打开"渐变编辑器"，选择预设中的"前景色到透明渐变"，如图8-38所示，然后单击"确定"按钮。

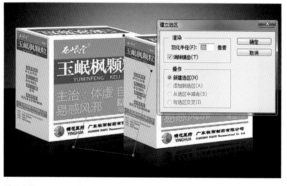

图8-37

图8-38

（4）在"阴影层"中，按住鼠标左键从上往下拉，填充选区。此时，玉岷枫模拟效果图即已完成。

三、使用3D功能完成包装效果图

红酒包装效果图的效果展示如图8-39所示。

图8-39

1.新建图像文件

（1）新建文件颜色为CMYK模式，大小为30 cm×20 cm，分辨率为300像素/英寸。

（2）使用渐变工具的径向渐变，将背景图层填充为红色→黑色的渐变。

（3）新建图层，执行"3D/从图层新建网格/网格预设/酒瓶"菜单命令，在弹出的对话框中单击"是"按钮，如图8-40所示。

（4）此时，图像编辑模式进入到3D编辑模式，如图8-41所示。

图8-40

图8-41

（5）打开3D面板，如图8-42所示。右击"标签"，选择"删除对象"，此时面板如图8-43所示。

图8-42

图8-43

2.编辑瓶子材质

（1）单击"瓶子材质"，打开"属性"对话框，如图8-44所示。

（2）单击"属性"中的材质球，选择"无纹理"材质球。

（3）单击"漫射"右侧的按钮，选择"新建纹理"，打开"新建"对话框，参数设置如图8-45所示，然后单击"确定"按钮。

图8-44

图8-45

（4）此时，"漫射"右侧的图标变成。单击，选择"编辑纹理"，打开"瓶子材质→漫射.psd"，如图8-46所示。

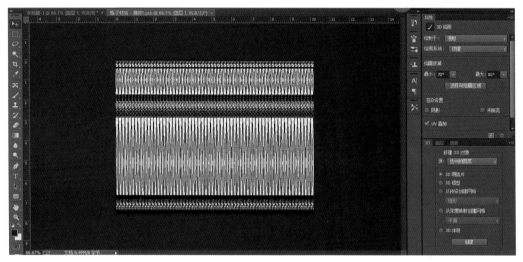

图8-46

（5）导入"素材\任务八\贴图.jpg"，如图8-47所示。

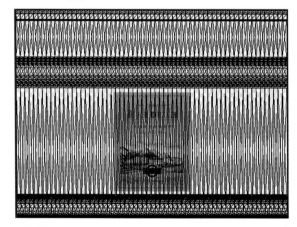

图8-47

（6）关闭"瓶子材质→漫射.psd"，在弹出的对话框中选择"是"，此时图像的效果如图8-48所示。

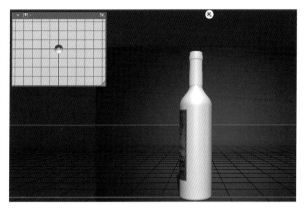

图8-48

（7）在属性面板，单击"漫射"右边的"设置漫射颜色"，打开"拾色器"对话框，如图8-49所示。

（8）设置完颜色后，关闭"拾色器"，效果如图8-50所示。

（9）在"3D"面板中，选择"酒瓶"，如图8-51所示。

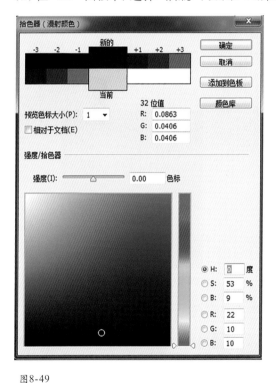

图8-49

图8-50

图8-51

（10）在图像编辑窗口上方的"3D模式"中，单击"旋转3D对象"按钮，如图8-52所示。

图8-52

（11）在图像编辑窗口按住鼠标左键，将酒瓶旋转至正面，如图8-53所示。

（12）在属性栏中调整"瓶子材质"的其他参数，参数设置如图8-54所示。效果如图8-55所示。

图8-53

图8-54

图8-55

3.编辑瓶盖材质

打开"3D"面板，选择"酒瓶/瓶盖/盖子材质"，在属性面板中，选择"漫射"右侧的"设置漫射颜色"，打开"拾色器"对话框，如图8-56所示。效果如图8-57所示。

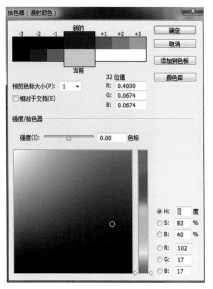
图8-56

图8-57

4.设置环境灯光

（1）在"3D"面板中，单击"滤镜：光源"按钮，如图8-58所示。

（2）使用3D模式中的"旋转3D对象"，选中灯光中间的灰色拉杆进行位置调节灯光的位置，以便得到更好的光照和投影效果，如图8-59、图8-60所示。效果如图8-61所示。

图8-58

图8-59

图8-60

图8-61

5.复制3D对象

（1）切换到图层面板，选中"图层1"，右击，选择"复制图层"，得到"图层1拷贝"，如图8-62所示。

（2）选择"图层1拷贝"，单击图层面板的"锁定" 🔒，将图层锁定。

（3）选择"图层1"，使用3D模式的"旋转3D对象" ⟳，旋转酒瓶，效果如图8-63所示。

（4）切换到3D面板，激活"滤镜：灯光"，使用"旋转3D对象" ⟳，调整"图层1"的灯光位置，如图8-64所示。

（5）在"属性"面板中设置灯光的颜色和阴影柔和度，如图8-65所示。效果如图8-66所示。

图8-62

图8-63

图8-64

图8-65

图8-66

知识链接

Photoshop CC的3D功能

　　Photoshop CC的3D功能可以打开和处理由3DS MAX、Maya、Adobe Acrobat 3D Version等软件创建的3D文件。在Photoshop中打开3D文件时，会自动切换到3D横式中。Photoshop能保留对象的纹理、渲染和光照等信息，并将3D模型放在3D图层上，在其下面的条目中显示对象的纹理。

　　Photoshop CC的3D模式包含网格、材质和光源等组件。其中，网格相当于3D模型的皮肤；光源相当于太阳或白炽灯，让场景有光影效果。

练一练

　　1.请为10吋的方形蛋糕设计一款包装平面展开图，平面轮廓参考图如图8-67所示，包装图像自主设计。

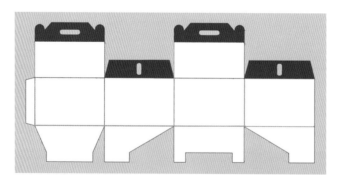

图8-67

　　2.利用平面展开素材，完成如图8-68所示的模拟效果图。

　　3.使用Photoshop CC的3D的网格预设工具，完成如图8-69所示的易拉罐包装设计图。

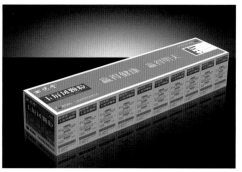

图8-68

图8-69

学习评价

学习要点	我的评分	小组评分	教师评分
了解包装平面展开图制作流程(5分)			
能制作包装平面展开图(20分)			
会设计包装平面展开图(10分)			
能制作包装效果图(5分)			
会设计包装效果图(20分)			
能使用3D功能完成包装效果图制作(20分)			
小组协作(10分)			
创新(10分)			
总　分			

学习任务九
网店装修

[学习目标] ①熟悉网店设计装修规范。

②能够初步地尝试创意加工，并对色彩、构图、搭配、文案等有一定的认识。

③通过模仿积累网店装修经验，体验网店促销图片构图的技巧。

[学习重点] ①体验装修过程中的构图技巧。

②掌握网店各版块的设计规范。

[学习课时] 12课时。

　　网店装修就像实体店装修一样，都是让店铺变得更美，更吸引人。让客户通过网上的文字和图片来了解产品，用精美的网页来增加客户的信任感，对店铺树立品牌形象有重要的作用。一般的网店页面分为店铺首页和商品详情页。首页一般包括店标、店招、海报，如图9-1所示；商品详情页包括商品主辅图、商品细节、商品参数、购物流程、店长推荐等，如图9-2所示。

图9-1

图9-2

一、店招设计

　　网络店铺的店招，也就是网店的招牌。店招是用来展示店铺名称和形象的，可以由文字和图案组成，表现形式千变万化。设计店招的目的就是以专业的布局来刺激消费者的购买欲望。

　　"E家百货"店招效果展示如图9-3所示。

　　图9-3

1.制作店招尺寸

　　（1）启动软件Photoshop CC，执行"文件\新建"菜单命令，参数设置如图9-4所示。

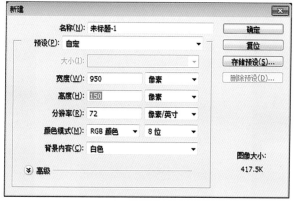

　　图9-4

（2）单击工具箱前景色，设前景色为浅灰色，参数值为 #f6f6f6，按快捷键 Alt+Delete 填充颜色，如图9-5所示。

图9-5

2.制作店标

（1）新建一个图层，取名为"店标"，选择椭圆选区工具，按住 Shift 绘制正圆，填充颜色为蓝色，颜色值为#0090af，效果如图9-6所示。

图9-6

（2）单击文字工具，输入字母"e"，选中字母，设置文本格式，如图9-7所示。

（3）按快捷键Ctrl+T，将字母"e"旋转 –35°。

（4）单击文字工具，在图形的后面输入店铺名字"E家百货"，设置文本格式，如图9-8所示。

（5）单击文字工具，输入店铺名字拼音"E-JIABAIHUO"，参数设置如图9-9所示。

图9-7

图9-8

图9-9

（6）整体调整，效果如图9-10所示。

图9-10

3.展示店铺优势

（1）单击文字工具，输入本店铺优势的文字"优化设计　精工品质　贴心服务"。设置文本格式，字体为微软雅黑，样式为Regular,大小为14点，消除锯齿方法为浑厚，字体颜色为#333333。效果如图9-11所示。

图9-11

（2）单击文字工具，在店铺优势下输入英文"design、quality、service"，参数设置如图9-12所示。

（3）单击自定义形状工具，在形状下拉框中选择"花形装饰4、标志5、红心形卡"3个形状，并填充颜色为蓝色，颜色值为#0090af。效果如图9-13所示。

（4）制作分隔条。新建图层，命名为"分隔条"，选择单列选框工具，填充灰色，颜色值为#cccccc，单击椭圆选框工具，羽化值为5，删除竖线的上下两端，按住Alt键复制排版，如图9-14所示。

图9-12

图9-13

图9-14

4.推出本店主打产品

在店招里推出本店主打产品"订书机"，并标明活动方式和时间。

（1）打开"素材\学习任务九\订书机"，单击"移动工具"将订书机移到"店招"画布的右侧空白处。效果如图9-15所示。

图9-15

（2）单击文字工具，输入"店铺周年庆"，参数设置如图9-16所示。

（3）单击文字工具，输入"折后满200元减20元"，参数设置如图9-17所示。

（4）单击文字工具，输入"促销时间：2015.4.25-2015.4.30"，参数设置如图9-18所示。

图9-16

图9-17

图9-18

（5）输入促销方式和时间后，效果如图9-19所示。

图9-19

（6）单击圆角矩形工具，绘制图角矩形，参数设置如图9-20所示。

（7）在路径选择工具中单击直接选择工具 ，选中圆角矩形，右击，添加3个锚点，拖出形状 。

（8）单击文字工具，输入白色英文"HOT"。此时，即已完成"E家百货"店招制作。

图9-20

友情提示

店招设计要大气、精致，因此店铺店招设计要注意以下问题：

①店招上如果有商品展示，要注意挑选店铺中最有卖点的商品。

②店招色彩不要过于单一，不要让买家在视觉上感觉单调、乏味。

③使用英文字母，要有设计感和层次感。

④整体风格要与店内产品统一，不要相差太大。

 **试一试**

小明准备开一家名为"易购"生活用品网店，请你帮他设计一个店招，效果参照如图9-21所示。

图9-21

想一想

对比观察：图9-22至图9-24店招所代表的店铺卖什么，你知道吗？

图9-22

图9-23

图9-24

评价：

图9-22店招颜色太深，在客户的显示器上可能无法展示产品的形象；图9-23店招设计主题是鲜明的，但是文字排版左右不协调；图9-24店招产品形象与构图完美结合，是为上品。

二、海报设计

海报设计必须有相当的号召力与艺术感染力，要调动形象、色彩、构图、形式感等因素形成强烈的视觉效果；它的画面应有较强的视觉中心，应力求新颖、单纯，还必须具有独特地艺术风格和设计特点。海报在一定程度上可以吸引客户的眼球，使人印象深刻，对店铺有一个初步的判断。

"E家百货"店铺的海报效果展示如图9-25所示。

图9-25

1.制作海报背景

（1）执行"文件\新建"菜单命令，命名为"海报"，参数设置如图9-26所示。

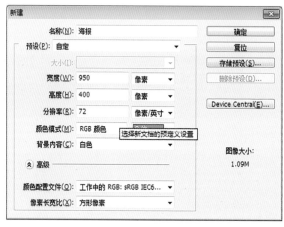

图9-26

（2）单击"确定"按钮，在画布中按快捷键Alt+Delete填充前景颜色，前景色值为#f6f6f6，如图9-27所示。

图9-27

（3）单击钢笔工具，绘制一个不规则多边形，如图9-28所示。

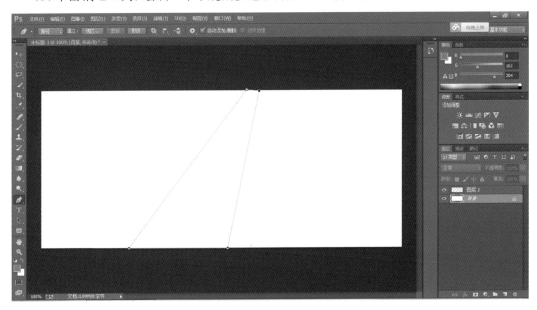

图9-28

（4）按快捷键Ctrl+Enter将路径转换成选区，按Alt+Delete填充三角形颜色，颜色值为#ebebeb，效果如图9-29所示。

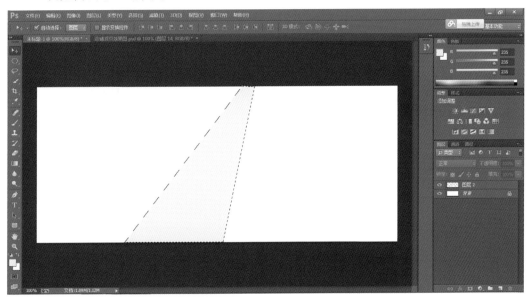

图9-29

（5）最后按快捷键Ctrl+D取消选区。用同样的方法绘制其他几个多边形，如图9-30所示。

图9-30

2.比例构图，绘制爆炸效果

（1）单击钢笔工具，绘制爆炸形状，如图9-31所示。

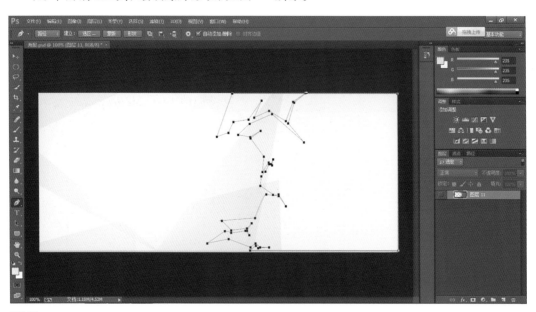

图9-31

（2）封闭图形后按快捷键Ctrl+Enter转换为选区，填充颜色为#056494，如图9-32所示。

图9-32

（3）同样利用钢笔工具绘制几个小三角形，形似碎片，填充颜色为#056494，并将部分小三角形的透明度调整为70%，如图9-33所示。

图9-33

（4）打开"素材\学习任务九\订书机"，利用移动工具将产品拖到海报右边，并标明主推产品价格，如图9-34所示。

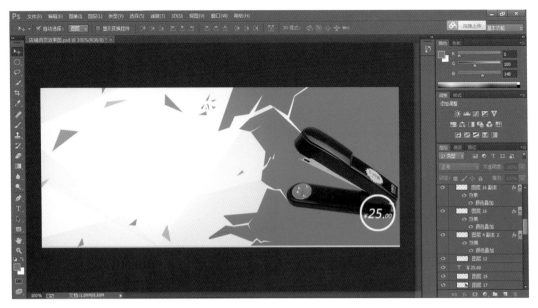

图9-34

3.添加文字促销信息

（1）输入"每日爆款"，参数设置如图9-35所示，完成后效果如图9-36所示。

（2）单击钢笔工具绘制闪电效果，如图9-37所示。

（3）按快捷键Ctrl+Enter将路径转换为选区，按快捷键Alt+Delete填充白色，如图9-38所示。

（4）单击矩形工具绘制矩形，矩形颜色值为#ff8d06，单击路径选择工具 调整锚点，产生形状如图9-39所示。

图9-35

图9-36

图9-37

图9-38

图9-39

（5）单击文字工具，输入文字"让您购物更轻松"，参数设置如图9-40所示。产生效果如图9-41所示。

（6）用同样的方法制作其他文字。

（7）执行"文件\存储为"菜单命令，保存名为"海报.jpg"。此时，"E家百货"店铺的海报即已完成。

图9-40

图9-41

构图的技巧

1.粗细对比

粗细对比是指在构图的过程中所使用的色彩,以及由色彩组成图案而形成的一种风格,有的是主体图案与陪衬图案的对比;有的是中心图案与背景图案的对比;有的是一边粗犷如风卷残云,而另一边则精美得细若游丝;有些以狂草的书法取代图案。

2.远近对比

在包装图案设计中,有近、中、远几种画面的构图层次。它在兼顾人们审视一个静物画面习惯从上至下、从右至左观察的同时依次凸显出其中最想要表达的主题部分,从而使包装设计的画面犹如强大的磁场紧紧地把人们的视线拉过来。

3.疏密对比

疏密对比即图案中该集中的地方就须有扩散的陪衬,不宜都集中或都扩散。体现出疏密协调,节奏分明,有张有弛,显示空灵,同时也不失主题突出。

4.静动对比

包装主题名称处的背景或周边表现出一种"动态"的感觉,主题名称端庄稳重而大背景是轻淡平静,这种场面便是静和动的对比。这种对比避免了过度花哨和死板,视觉效果舒服,符合人们的正常审美心理。

5.中西对比

利用西洋画的卡通手法和中国传统手法的结合或中国汉学艺术和英文的结合,以及直接以写实的手法把西方人的照片或某个画面突出表现在包装图案上,是一种常见的中西对比借鉴方法。

为棉签产品制作一张海报,画布宽为950像素,高为400像素,分辨率为72,效果如图9-42所示。

图9-42

海报设计特点：主题明确；重点文字突出（该加粗的加粗，该飘红的飘红）；符合阅读的习惯；以最短的时间激起点击欲望（不妨做一个测试来试试）；色彩不要过于醒目（不能太花）；产品数量不宜过多；信息数量要平衡；要有留空，留空可以使图片和文字有呼吸空间。

三、宝贝图片美化

图片是广告的招牌，而拍摄出来的产品图片往往有不尽如意之处，需要经过后期美化加工。

"订书机"图片美化的前后对比图如图9-43所示。

处理前

处理后

图9-43

1.制作主图背景

（1）执行"文件\新建"菜单命令，命名为"主图"，参数设置如图9-44所示。

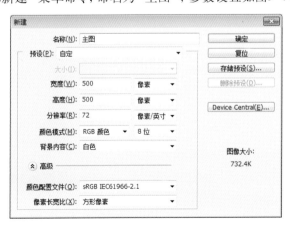

图9-44

（2）按快捷键Alt+Delete填充背景色为#abc5c5，如图9-45所示。

（3）新建图层，单击渐变工具，渐变类型为"径向渐变"，渐变编辑器里选择"前景色到透明渐变"，颜色为白色，如图9-46所示。

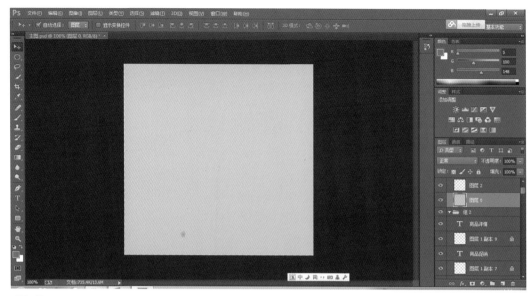

图9-45

图9-46

（4）设置完毕后，在画布中间拖动鼠标，就产生了放射状的圆形，如图9-47所示。

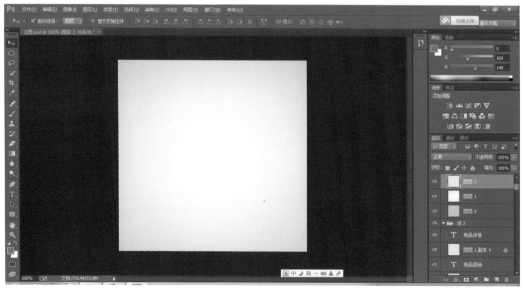

图9-47

2.加入产品图片

打开"素材\任务九\订书机原图"，单击钢笔工具抠出订书机，利用移动工具将其移到"主图"画布中，按快捷键Ctrl+M调整曲线，具体效果如图9-48所示。

图9-48

3.加入文字元素

（1）单击矩形工具，绘制宽为272像素，高为88像素的长方形，填充颜色值为#006699，如图9-49所示。

（2）新建图层，单击钢笔工具，在长方形的后面绘制不规则的小斜四边形，颜色值为#004170，如图9-50所示。

图9-49   图9-50

（3）单击矩形工具，在不规则的斜四边形后绘制长方形，颜色值为#0099cc，如图9-51所示。

图9-51

（4）加上文字"得力订书机"，参数设置如图9-52所示，效果如图9-53所示。

（5）加上产品品牌和商品特征，保存为"主图.jpg"。此时，"订书机"图片美化已完成。

图9-52

图9-53

①打开"素材\任务九\体恤"，美化商品图片，美化前后的效果如图9-54所示。

图9-54

②打开素材\任务九\老宜宾，为"老宜宾"酒制作一张500 mm×500 mm的主图。

什么是白平衡？

物体颜色会因投射光线颜色产生变化，在不同光线的场合下拍摄出的照片会有不同的色温。例如，以电灯泡照明的环境拍出的照片可能偏黄。一般来说，CCD没有办法像人眼一样会自动修正光线的改变（CCD在照相机里是一个极其重要的部件，它起到将光线转换成电信号的作用），图9-55显示了在不同颜色光线下的不同图像。

在正常光线下看起来是白颜色的东西在较暗的光线下看起来可能就不是白色，还有荧光灯下的"白"也是"非白"。如果能调整白平衡，则在所得到的照片中就能正确地以"白"为基色来还原其他颜色。

图9-55

四、商品详情页设计

商品详情页是吸引消费者产生购买行为的最终页面,决定着大多数商品的成交与否。商品详情页需要挖掘、引导顾客的需求,通过商品功能展示引发顾客的兴趣,通过情境再现激发顾客的潜在需求,通过图文并茂的商品外形、细节与顾客达成共鸣,最终达成顾客的购买。

"E家百货"订书机商品详情页效果展示如图9-56所示。

图9-56

1.制作详情页背景

(1)执行"文件\新建"菜单命令,命名为"订书机详情页",参数设置如图9-57所示。

图9-57

（2）单击"确定"按钮，打开"素材\任务九\海报.psd"原文件，将原文件中的背景拖入到"商品详情页"。

2.制作分隔条

（1）新建文件，命名为"分隔条"，设置分隔条高为50像素，宽为715像素，并填充为白色，颜色值为#ffffff，如图9-58所示。

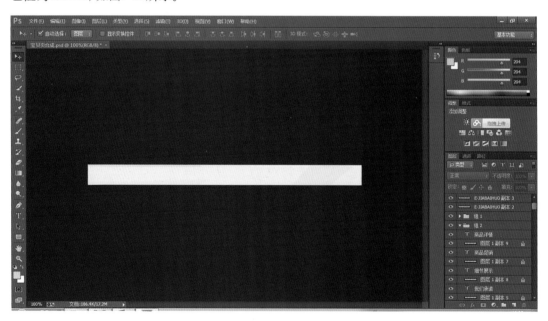

图9-58

（2）在长方形最上方绘制宽为715像素，高为10像素的长方形，填充颜色为灰色，颜色值为#cccccc，如图9-59所示。

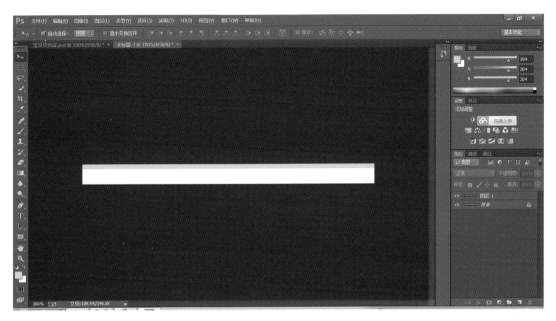

图9-59

（3）单击钢笔工具绘制四边形，填充颜色为蓝色，颜色值为#0099ff，如图9-60所示。

图9-60

（4）同样，利用钢笔工具绘制小三角形，路径转换为选区后，新建图层，填充颜色为#0066cc，如图9-61所示。

（5）分隔条制作最终效果如图9-62所示。

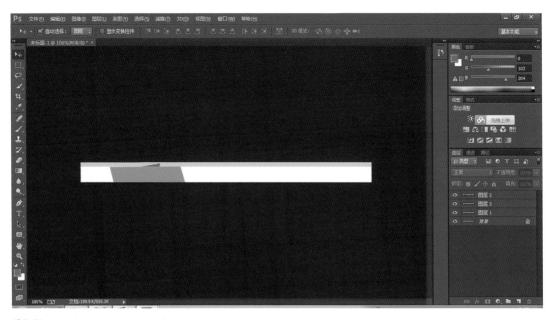

图9-61

图9-62

（6）加上文字说明"细节展示"，参数设置如图9-63所示，效果如图9-64所示。

图9-63

图9-64

3.放大商品细节

（1）新建图层，单击椭圆选框工具绘制正圆，按快捷键Alt+Delete填充颜色为蓝色，颜色值为#0066cc，如图9-65所示。

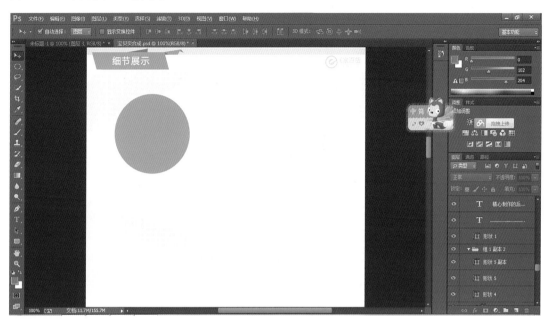

图9-65

（2）执行"选择\修改"菜单命令，选择"收缩"，在弹出的对话框中输入"收缩量"为6像素，如图9-66所示。

（3）新建一个图层，在新选区中填充颜色为白色，如图9-67所示。

图9-66

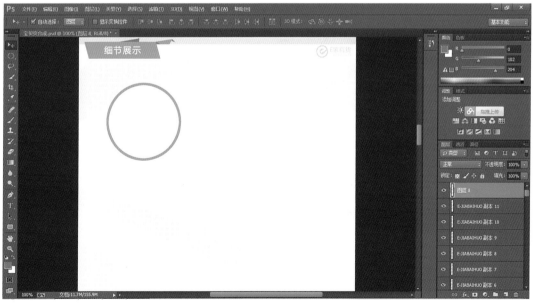

图9-67

（4）打开"素材\任务九\细节1"，将订书机移到细节展示的圆心处，如图9-68所示。

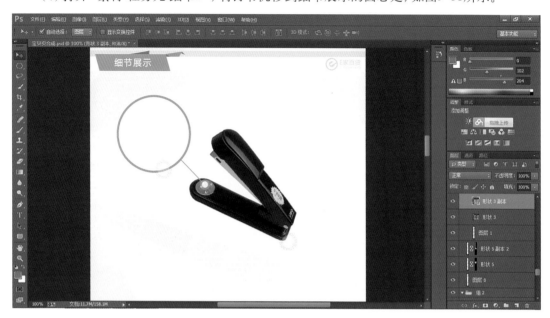

图9-68

（5）复制订书机图层，并将商品放到圆中心，如图9-69所示。

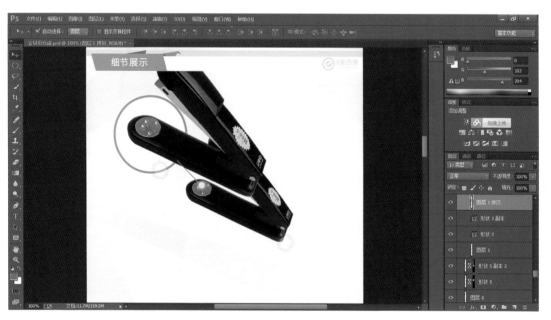

图9-69

（6）按F7打开图层面板，选中订书机图层副本，单击右键，选择"创建剪贴蒙版"。按快捷键Ctrl+T将细节部分放大，如图9-70所示。

图9-70

（7）利用钢笔工具绘制文字框图路径，并输入英文状态下的句号，如图9-71所示。加上细节1的文字说明，效果如图9-72所示。

图9-71

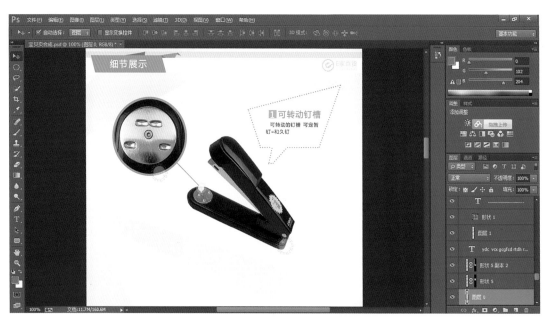

图9-72

(8) 同样的布局，依次完成其他部分的细节，如图9-73所示。

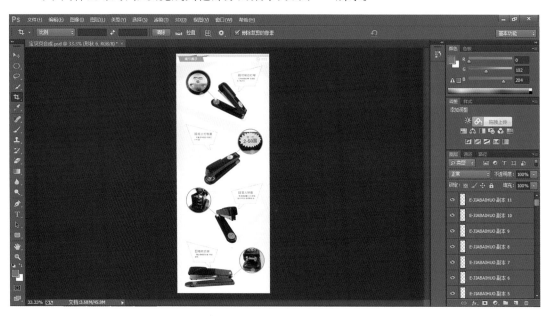

图9-73

 试一试

网上搜集心相印产品素材，并为心相印湿巾制作商品详情页，具体展示如图9-74所示。

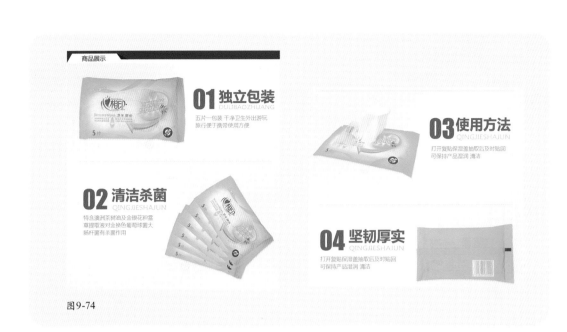

图9-74

知识链接

商品详情中商品描述的顺序是整个详情页面布局的关键,科学合理的描述顺序能很好地提高店铺销售量。推荐描述应注意如下几点:

①产品图:产品大图非常重要,大图能引起买家兴趣。

②价值促销点:应该先体现价值,再附上价格。

③产品荣誉:荣誉越多,商品越受买家信赖。

④产品评价:打上本店买家好评,店铺销量等。

⑤产品独特卖点:一定要图文说明,但卖点要唯一。

⑥PK:与其他产品对比很重要,要实事求是。

⑦产品的售后保障。

⑧产品品牌介绍。

学习评价

学习要点	我的评分	小组评分	教师评分
说出商品的作用和规范(20分)			
商品传达的信息准确,文字的排版紧凑有序(40分)			
色彩搭配一致,有显有隐,有浅有深(40分)			
总　分			